全国高等教育自学考试指定教材

细胞生物学

［含：细胞生物学自学考试大纲］

（2023 年版）

全国高等教育自学考试指导委员会　组编

主　编　安　威

编　委（按姓名汉语拼音排序）

安　威（首都医科大学）

董凌月（首都医科大学）

李　莉（山西医科大学）

李　文（首都医科大学）

林国南（首都医科大学）

许彦鸣（汕头大学医学院）

张　君（石河子大学医学院）

北京大学医学出版社

XIBAO SHENGWUXUE

图书在版编目（CIP）数据

细胞生物学 / 安威主编 . —北京：北京大学医学
出版社，2023.9
ISBN 978-7-5659-3001-0

Ⅰ.①细…　Ⅱ.①安…　Ⅲ.①细胞生物学 - 高等教育
- 自学考试 - 教材　Ⅳ.① Q2

中国国家版本馆 CIP 数据核字（2023）第 181858 号

细胞生物学

主　　编：安　威

出版发行：北京大学医学出版社

地　　址：（100191）北京市海淀区学院路 38 号　北京大学医学部院内

电　　话：发行部 010-82802230；图书邮购 010-82802495

网　　址：http://www.pumpress.com.cn

E-mail：booksale@bjmu.edu.cn

印　　刷：北京瑞达方舟印务有限公司

经　　销：新华书店

责任编辑：杨　杰　　责任校对：靳新强　　责任印制：李　啸

开　　本：787 mm×1092 mm　1/16　　印张：12.5　　字数：305 千字

版　　次：2023 年 9 月第 1 版　　2023 年 9 月第 1 次印刷

书　　号：ISBN 978-7-5659-3001-0

定　　价：40.00 元

组编前言

21世纪是一个变幻莫测的世纪，是一个催人奋进的时代。科学技术飞速发展，知识更替日新月异。希望、困惑、机遇、挑战，随时随地都有可能出现在每一个社会成员的生活之中。抓住机遇，寻求发展，迎接挑战，适应变化的制胜法宝就是学习——依靠自己学习、终身学习。

作为我国高等教育组成部分的自学考试，其职责就是在高等教育这个水平上倡导自学、鼓励自学、帮助自学、推动自学，为每一个自学者铺就成才之路。组织编写供读者学习的教材就是履行这个职责的重要环节。毫无疑问，这种教材应当适合自学，应当有利于学习者掌握和了解新知识、新信息，有利于学习者增强创新意识，培养实践能力，形成自学能力，也有利于学习者学以致用，解决实际工作中所遇到的问题。具有如此特点的书，我们虽然沿用了"教材"这个概念，但它与那种仅供教师讲、学生听，教师不讲、学生不懂，以"教"为中心的教科书相比，已经在内容安排、编写体例、行文风格等方面都大不相同了。希望读者对此有所了解，以便从一开始就树立起依靠自己学习的坚定信念，不断探索适合自己的学习方法，充分利用自己已有的知识基础和实际工作经验，最大限度地发挥自己的潜能，达成学习的目标。

欢迎读者提出意见和建议。

祝每一位读者自学成功。

全国高等教育自学考试指导委员会

2022年8月

目　录

全国高等教育自学考试

细胞生物学
自学考试大纲

全国高等教育自学考试指导委员会　制定

大纲前言

为了适应社会主义现代化建设事业的需要，鼓励自学成才，我国在 20 世纪 80 年代初建立了高等教育自学考试制度。高等教育自学考试是个人自学、社会助学和国家考试相结合的一种高等教育形式。应考者通过规定的专业课程考试并经思想品德鉴定达到毕业要求的，可获得毕业证书；国家承认学历并按照规定享有与普通高等学校毕业生同等的有关待遇。经过 40 多年的发展，高等教育自学考试为国家培养造就了大批专门人才。

课程自学考试大纲是规范自学者学习范围、要求和考试标准的文件。它是按照专业考试计划的要求，具体指导个人自学、社会助学、国家考试及编写教材的依据。

为更新教育观念，深化教学内容方式、考试制度、质量评价制度改革，更好地提高自学考试人才培养的质量，全国高等教育自学考试指导委员会各专业委员会按照专业考试计划的要求，组织编写了课程自学考试大纲。

新编写的大纲，在层次上，本科参照一般普通高校本科水平，专科参照一般普通高校专科或高职院校的水平；在内容上，及时反映学科的发展变化以及自然科学和社会科学近年来研究的成果，以更好地指导应考者学习使用。

全国高等教育自学考试指导委员会

2023 年 5 月

I 课程性质与课程目标

一、课程性质和特点

细胞生物学是以细胞为研究对象，应用近代物理学、化学和实验生物学方法，研究生命活动、机制和规律的学科。细胞生物学不仅研究细胞各种组成部分的结构、功能及其相互关系，而且研究细胞整体和动态的功能活动以及与之相关联的分子基础。细胞生物学是医学院学生的基础课程，其任务是使学生掌握细胞各组成部分（细胞膜、内膜系统、细胞核、细胞骨架等）的结构和功能，以及细胞增殖、细胞周期和细胞死亡等功能活动，为学习生物制药及其他基础医学课程和临床课程奠定良好的细胞学基础。

二、课程目标

1. 知识目标：掌握人体细胞的基本结构、功能和生命活动规律，了解细胞异常改变与疾病发生的相互关系，以及本学科的最新进展。
2. 能力目标：培养学生基本的科学思维能力。
3. 素质目标：培养良好的生物医学职业素质和思想品德。

三、与相关课程的联系与区别

细胞生物学作为医学生物学基础性课程之一，在整个专业人才培养的课程体系中发挥着重要的作用。通过该课程的学习，学生能够掌握细胞生物学的基本概念、细胞研究的基本思路和技术，了解各领域的最新研究进展，开拓思路，深入理解生物医学的使命，为药学、生物医学工程等各学科的学习打好基础。

四、课程的重点与难点

本课程重点内容为：细胞膜的化学组成与生物学特性；物质的跨膜运输；内质网的分类和功能；高尔基复合体的极性；溶酶体的发生和功能；线粒体的半自主性；线粒体的超微结构和功能；微管、微丝和中间丝的组装和功能；核孔复合体的物质转运功能、染色质的分类、染色体包装的四级结构、核仁的细胞周期变化；细胞增殖和细胞周期的调控；细胞死亡的分类。

本课程难点内容为：物质的跨膜运输；分泌蛋白质的合成及分泌过程；高尔基复合体的极性；溶酶体的发生；氧化磷酸化偶联机制；微丝装配的踏车现象、微管装配的动态不稳定性；核定位信号的发现、核小体的结构特点；有丝分裂各期的特点、细胞周期的调控。

II 考核目标

本大纲考核目标中，按照识记、领会、简单应用和综合应用四个层次规定其应达到的能力层次要求。四个能力层次是递进关系，各能力层次的含义是：

识记（Ⅰ）：要求考生能够识别和记忆本课程中的概念、原理、方法的主要内容，并能够根据考核的不同要求，做正确的表述、选择和判断。

领会（Ⅱ）：要求考生能够领悟和理解本课程中有关的概念、原理及方法的内涵及外延，理解相关知识的区别和联系，并能够根据考核的不同要求对有关问题进行逻辑推理和论证，做出正确的判断、解释和说明。

简单应用（Ⅲ）：要求考生能够根据已知的概念，对相关临床问题进行分析和论证，得出正确的结论或做出正确的判断。

综合应用（Ⅳ）：要求考生能够根据已知的概念，进行多个知识点的综合分析和论证，得出解决问题的综合方案。

Ⅲ　课程内容与考核要求

第一章　细胞概论

一、学习目的与要求

（一）掌握细胞学说的内容。
（二）掌握真核细胞的基本结构，原核细胞与真核细胞共同性与差异性。
（三）基本掌握细胞生物学的概念及研究内容。
（四）了解医学细胞生物学的任务及其在医学方面的重要性。
（五）拓展（含学科新进展）：细胞生物学研究发展的总趋势及研究热点。

二、课程内容

（一）细胞生物学概述
（二）细胞生物学发展简史
（三）细胞的基本知识
（四）原核细胞与真核细胞
（五）细胞生物学与医学

三、考核知识点与考核要求

（一）细胞生物学概述
识记：细胞生物学。
（二）细胞生物学发展简史
领会：细胞学说的内容。
（三）细胞的基本知识
识记：细胞器的概念。
简单应用：支原体是最小的细胞。
（四）原核细胞与真核细胞
识记：细菌和真核细胞的结构体系。
综合应用：原核细胞和真核细胞的异同点。

四、本章重点、难点

本章重点是细胞学说的内容，原核细胞和真核细胞的结构。难点是原核细胞与真核细胞的异同点。

第二章　细胞膜与物质的跨膜运输

一、学习目的与要求

（一）掌握细胞膜的概念，细胞膜的化学组成和生物学特性、小分子物质跨膜运输的类型和特点、受体介导的胞吞作用的过程和特点。

（二）基本掌握细胞膜的分子结构、胞吞和胞吐的类型和特点。

（三）拓展：细胞膜与疾病的关系。

二、课程内容

（一）细胞膜的化学组成

（二）细胞膜的生物学特性：不对称性和流动性

（三）细胞膜的结构模型

（四）小分子物质的跨膜运输

（五）大分子与颗粒物质的跨膜运输

（六）细胞膜异常与疾病

三、考核知识点与考核要求

（一）细胞膜的化学组成

识记：细胞膜和生物膜的概念。

领会：磷脂、胆固醇和糖脂的分子结构及特性；膜蛋白的种类和特点；膜糖的存在形式。

（二）细胞膜的生物学特性

领会：膜脂和膜蛋白的流动性；膜脂质、蛋白质和糖类的不对称性。

综合应用：细胞膜的特性；膜流动性和不对称性的生理意义。

（三）细胞膜的结构模型

识记：流动镶嵌模型。

（四）小分子物质的跨膜运输

识记：被动运输和主动运输的概念；被动运输的分类；载体蛋白和通道蛋白的概念；协同运输的概念。

领会：Na^+-K^+ ATP 酶（Na^+-K^+ 泵）的工作原理和生物学意义。

简单应用：载体蛋白和通道蛋白分别介导的运输类型。

（五）大分子与颗粒物质的跨膜运输

识记：胞吞作用、胞吐作用和受体介导的胞吞作用的概念。

领会：胞吞作用和胞吐作用的分类；受体介导的胞吞作用的特点。

综合应用：分析不同的小分子物质或离子的跨膜运输方式；以家族性高胆固醇血症为例说明受体介导的胞吞作用的过程。

四、本章重点、难点

本章重点是细胞膜的化学组成和特性、小分子物质跨膜运输的类型和特点，以及受体介导的胞吞作用的过程和特点。难点是细胞膜的特性，分析不同的小分子物质或离子的跨膜运输方式，以家族性高胆固醇血症为例，阐明受体介导的胞吞作用的过程和特点。

第三章　细胞内膜系统

一、学习目的与要求

（一）掌握内质网的形态结构、化学组成与功能；高尔基复合体的形态结构与功能；溶酶体的特性、形成过程和功能。

（二）基本掌握信号假说的主要内容；高尔基复合体的化学组成；溶酶体的分类。

（三）了解细胞的分室化；内质网的生理与病理变化；高尔基复合体的生理与病理变化；过氧化物酶体的形态、结构和功能。

（四）拓展：内质网、高尔基复合体、溶酶体与疾病的关系。

二、课程内容

（一）内膜系统概述

（二）内质网

（三）高尔基复合体

（四）溶酶体

（五）过氧化物酶体

三、考核知识点与考核要求

（一）内膜系统概述

识记：内膜系统的概念。

（二）内质网

识记：糙面内质网和光面内质网的概念；信号肽的概念。

领会：糙面内质网和光面内质网的功能。

简单应用：信号假说的内容。

（三）高尔基复合体

识记：高尔基复合体的结构。

领会：高尔基复合体的功能。

简单应用：高尔基复合体是极性的细胞器。

综合应用：分泌蛋白质的合成及分泌过程。

（四）溶酶体

识记：溶酶体的特性；初级溶酶体、次级溶酶体和残余体的概念。

领会：溶酶体的功能。

简单应用：溶酶体的形成过程。

综合应用：溶酶体贮积症发生的细胞生物学机制。

四、本章重点、难点

本章重点是内质网、高尔基复合体、溶酶体的形态结构、化学组成及功能。难点是信号假说的主要内容；分泌蛋白质的合成及分泌过程；高尔基复合体的极性；溶酶体的形成过程。

第四章　线粒体

一、学习目的与要求

（一）掌握线粒体的超微结构、氧化磷酸化偶联机制、线粒体的半自主性。

（二）基本掌握线粒体的化学组成和各部分的标志酶。

（三）了解线粒体的蛋白质合成体系，线粒体的增殖与起源。

（四）拓展：线粒体与疾病的关系。

二、课程内容

（一）线粒体的形态结构

（二）线粒体的化学组成和酶的分布

（三）线粒体的功能

（四）线粒体的半自主性

（五）线粒体的增殖和起源

（六）线粒体与疾病

三、考核知识点与考核要求

（一）线粒体的形态结构

识记：线粒体的超微结构；基粒的概念。

（二）线粒体的化学组成和酶的分布

领会：线粒体内膜化学组成的特点、线粒体不同部位的标志酶。

（三）线粒体的功能

识记：细胞呼吸（细胞氧化）的概念；电子传递链的概念。

简单应用：氧化磷酸化偶联机制。

（四）线粒体的半自主性

领会：线粒体是半自主性细胞器的原因。

（五）线粒体的增殖和起源

领会：线粒体起源的内共生假说。

（六）线粒体与疾病

识记：线粒体病的概念。

四、本章重点、难点

本章重点是线粒体的超微结构和氧化磷酸化偶联机制。难点是氧化磷酸化偶联机制。

第五章 细胞核

一、学习目的与要求

（一）掌握细胞核、核被膜、染色质以及核仁的结构；核孔复合体的结构与功能；染色体 DNA 的三大功能元件；染色体包装的四级结构。

（二）基本掌握核被膜及核仁的功能。

（三）了解染色质与染色体的化学组成、蛋白质的核输入与核输出的特点。

（四）拓展：核骨架与核基质。

二、课程内容

（一）细胞核的形态与结构

（二）核膜与核孔复合体

（三）染色质

（四）染色体

（五）核仁

（六）细胞核基质

三、考核知识点与考核要求

（一）细胞核的形态与结构

识记：细胞核的超微结构。

（二）核膜与核孔复合体

识记：核膜的超微结构。

领会：核膜的周期变化，核孔复合体的功能。

简单应用：核定位信号的发现。

（三）染色质

识记：核小体的概念，染色质的分类。

领会：染色体包装的四级结构。

（四）染色体

识记：染色体 DNA 的三大功能元件。

（五）核仁

识记：核仁的超微结构。

领会：核仁的功能和周期变化。

四、本章重点、难点

本章重点是核膜的超微结构、核孔复合体的功能、染色体包装的四级结构和核仁的超微结构。难点是核孔复合体的功能，染色体包装的四级结构和核仁结构与功能的关系。

第六章　细胞骨架

一、学习目的与要求

（一）掌握细胞骨架的概念及其主要的生物学作用；微丝、微管的分子组成、结构特征、组装特点及生物学功能；中间丝的生物学功能。

（二）基本掌握中间丝的分子组成、结构特征和组装特点。

（三）了解马达蛋白质、肌动蛋白结合蛋白、微管相关蛋白的作用特点。

（四）拓展：细胞骨架与疾病的关系。

二、课程内容

（一）微管

（二）微丝

（三）中间丝

（四）细胞骨架与疾病

三、考核知识点与考核要求

（一）微管

识记：微管的形态与分子组成；微管组织中心的概念和分类。

领会：微管组装的特点，微管组装的动态不稳定性和微管的生物学功能。

简单应用：影响微管组装的药物与肿瘤治疗的关系。

（二）微丝

识记：微丝的形态与分子组成、微丝组装的踏车现象。

领会：微丝组装的特点，微丝的功能。

简单应用：影响微丝组装的药物对细胞形态及细胞功能的作用。

（三）中间丝

识记：中间丝的分布。

领会：中间丝组装的特点和中间丝的功能。

（四）细胞骨架与疾病

综合应用：卡塔格内综合征发病与细胞骨架的关系。

四、本章重点、难点

本章重点是微丝和微管组装的特点和功能，中间丝的功能。难点是微丝组装的踏车现象，微管组装的动态不稳定性和肌肉收缩的肌丝滑动模型。

第七章 细胞增殖与细胞死亡

一、学习目的与要求

（一）掌握有丝分裂的各个不同时期及其主要事件；细胞周期的概念；细胞周期各时相的主要事件及其特点；细胞周期蛋白和 Cdk 与细胞增殖调控；细胞周期检查点与细胞增殖调控；程序性细胞死亡的概念，细胞坏死与细胞凋亡的区别。

（二）基本掌握有丝分裂和减数分裂的异同点。

（三）了解其他因素调控细胞增殖。

（四）拓展：细胞周期与医学的关系。

二、课程内容

（一）细胞增殖

（二）细胞周期及其调控

（三）细胞增殖紊乱与疾病

（四）细胞死亡

三、考核知识点与考核要求

（一）细胞增殖

识记：细胞增殖、无丝分裂、有丝分裂和减数分裂的概念。

领会：有丝分裂和减数分裂的过程（不同时期）。

简单应用：有丝分裂各时期的主要事件。

综合应用：有丝分裂和减数分裂的异同点。

（二）细胞周期及其调控

识记：细胞周期、细胞周期蛋白、细胞周期蛋白依赖性激酶、细胞周期蛋白依赖性激酶抑制因子、检查点和限制点的概念。

领会：细胞周期不同时期的主要事件及特点；检查点的分类和功能。

简单应用：细胞周期蛋白和细胞周期蛋白依赖性激酶对细胞周期的调控机制；检查点对细胞周期的调控机制。

综合应用：细胞周期的调控机制。

（三）细胞死亡

识记：程序性细胞死亡与细胞凋亡的概念。

领会：细胞坏死与细胞凋亡的区别。

四、本章重点、难点

本章重点是有丝分裂的各个不同时期及其主要事件；细胞周期各时相的主要事件及其特点；细胞周期调控机制，细胞凋亡。难点是细胞周期调控机制。

Ⅳ 关于大纲的说明与考核实施要求

为使本大纲在个人自学、社会助学和课程考试命题中得到贯彻落实，现对有关问题做如下说明，并提出具体考核实施要求。

一、自学考试大纲的目的和作用

本大纲根据专业自学考试计划的要求，结合自学考试的特点，明确了课程学习的内容以及深度和广度、考试范围和标准，其目的是对个人自学、社会助学和课程考试命题进行指导和规定。因此，它是编写自学考试教材和辅导书的依据，是社会助学组织进行自学辅导的依据，是自学者学习教材、掌握课程内容知识范围和程度的依据，也是进行自学考试命题的依据。

二、课程自学考试大纲与教材的关系

课程自学考试大纲是进行学习和考核的依据，教材是学习掌握课程知识的基本内容与范围，教材的内容是大纲所规定的课程知识和内容的扩展与发挥。课程内容在教材中可以体现一定的深度或难度。

大纲与教材所体现的课程内容保持一致；大纲列出的课程内容和考核知识点，教材均有具体描述。大纲的内容体现了教材的重点、难点，有助于个人自学和社会助学。

三、关于自学教材

《细胞生物学》，全国高等教育自学考试指导委员会组编，安威主编，北京大学医学出版社出版，2023 年版。

四、关于自学要求和自学方法的指导

本课程共 8 学分（含 2 学分实践环节考核）。本大纲的课程基本要求是依据专业考试计划和专业培养目标而确定的。课程基本要求还明确了课程的基本内容，以及对基本内容掌握的程度。基本要求中的知识点构成了课程内容的主体部分。因此，课程基本内容掌握程度、课程考核知识点是高等教育自学考试考核的主要内容。

为有效地指导个人自学和社会助学，本大纲已指明了课程的重点和难点，在章节的基本要求中也指明了章节内容的重点和难点。

根据学习对象为成人、在职、业余、自学等情况，建议学习本课程的自学应考者充分发挥自身理解能力强的优势，结合自己的社会阅历和职业经验很好地理解《细胞生物学》

全书七章的内容，全面、系统地掌握细胞生物学的基本理论和基本方法，切忌在没有全面、系统学习教材的情况下孤立地去抓重点。具体建议有以下几点：

首先，按照课程章节进行快速泛读，全面了解《细胞生物学》各章节内容之间的逻辑关系，初步构建自己关于细胞生物学的知识体系或逻辑思维导图。其次，按照课程内容的各个板块（章节）进行深入、系统的学习，注重了解和掌握每章的基本理论和基本知识。在理解的基础上，记忆应当识记的基本概念，并掌握重要的结构和理论。

五、对社会助学的要求

1. 社会助学者应根据本大纲规定的考试内容和考核目标，认真钻研指定教材《细胞生物学》，对自学应考者进行全面、系统的辅导，引导他们防止出现自学中的各种偏向，把握社会助学的正确导向。

2. 要正确处理基础知识与应用能力的关系，努力引导自学应考者将识记、领会与应用联系起来，将基础知识和理论转化为应用能力，在全面辅导的基础上，着重培养和提高自学应考者分析和解决细胞生物学基本问题的能力。

3. 要正确处理重点和一般的关系。细胞生物学课程的内容有重点和一般之分，但考试内容是全面的，而且重点和一般是相互联系的，不是截然分开的。社会助学者应指导自学应考者全面、系统地学习教材，掌握全部考试内容和考核知识点，在此基础上再突出重点。总之，要把重点学习与兼顾一般结合起来，切不可孤立地抓重点，把自学应考者引向猜题押题。

六、对考核内容的说明

本课程要求考生学习和掌握的知识点内容都作为考核的内容。细胞生物学课程中各章的内容均由若干知识点组成，在自学考试中成为考核知识点。因此，课程自学考试大纲所规定的考试内容是以分解考核知识点的方式列出的。由于各知识点在课程中的地位、作用以及知识自身的特点不同，自学考试对知识点分别按照识记、领会、简单应用和综合应用四个认知（或能力）层次确定其考核要求。

七、关于考试命题的若干规定

（一）考试采用闭卷考试的方式，满分 100 分，60 分为及格。考试时间为 150 分钟。

（二）本大纲课程内容中所规定的基本要求、知识点及知识点下的知识细目，都属于考核内容。考试命题既要覆盖到章，又要避免面面俱到。要注意突出课程的重点、章节重点，加大重点内容的覆盖度。

（三）命题不应有超出大纲中考核知识点范围的题目，考核目标不得高于大纲中所规定的相应的最高能力层次要求。命题应着重考核自学者对基本概念、基本知识和基本理论是否了解和掌握，对基本方法是否领会或熟练。不应出与基本要求不符的偏题或怪题。

（四）本课程在试卷中对不同能力层次要求的分数比例大致为：识记占 20%，领会占 30%，简单应用占 30%，综合应用占 20%。

（五）要合理安排试题的难易程度。试题的难度可分为：易、较易、较难、难四个等级。每份试卷中，不同难易度试题分数比例一般为 2 ：3 ：3 ：2。必须注意，试题的难易度与能力层次不是一个概念，在各能力层次中都会存在不同难度的问题，切勿混淆。

（六）本课程考试试卷采用的主要题型一般有：单项选择题、简答题和论述题。为使考生详细了解试题有关情况，附上题型举例，供参考。在命题工作中必须按照本课程大纲中所规定的题型命制，考试试卷使用的题型不能超出本课程的题型规定。

附录 题型举例

一、单项选择题：在每小题列出的备选项中只有一项是最符合题目要求的，请将其选出。

1. 人体生命活动的基本结构与单位是
   A. 细胞膜　　　　　B. 细胞核　　　　　C. 细胞器　　　　　D. 细胞

2. 吞噬作用中细胞摄入的物质是
   A. 离子　　　　　　B. 液体　　　　　　C. 极性小分子　　　D. 颗粒

3. 线粒体中 ADP 形成 ATP 发生在
   A. 基粒　　　　　　B. 线粒体外膜　　　C. 膜间腔　　　　　D. 线粒体内膜

4. 下列不属于内膜系统的细胞器是
   A. 核糖体　　　　　B. 高尔基复合体　　C. 溶酶体　　　　　D. 内质网

5. 高等真核生物细胞分裂的主要方式是
   A. 裂殖　　　　　　B. 有丝分裂　　　　C. 减数分裂　　　　D. 无丝分裂

二、简答题。

1. 有丝分裂分裂期各时期有何特点。
2. 试比较简单扩散与协助扩散的异同点。
3. 简述高尔基复合体的超微结构。

三、论述题。

1. 原核细胞与真核细胞基本特征的比较。
2. 请叙述细胞周期的调控机制。

后 记

　　《细胞生物学自学考试大纲》是根据《高等教育自学考试专业基本规范〔2021 年〕》的要求，由全国高等教育自学考试指导委员会医药学类专业委员会组织制定的。

　　全国高等教育自学考试指导委员会医药学类专业委员会对本大纲组织审稿，根据审稿会意见由编者做了修改，最后由医药学类专业委员会定稿。

　　本大纲由安威教授负责编写。参加审稿并提出修改意见的有陈誉华教授和赵越教授。

　　对参与本大纲编写和审稿的各位专家表示感谢。

全国高等教育自学考试指导委员会

医药类专业委员会

2023 年 5 月

全国高等教育自学考试指定教材

细胞生物学

全国高等教育自学考试指导委员会　组编

编者的话

虽主编过多部本科生和研究生《医学细胞生物学》教材，但编写自学考试（自考）教材，对我来说还是第一次。因有过主编经历，动笔之前误认为，将本科生教材内容稍作提炼，便可轻松地"平移"成自考教材。动笔之后才感觉到，编出一部好的自考教材并非易事。自考教材有其独特的读者群体，多数为在职人员，工作岗位任务重，业余学习时间非常有限，这就要求自考教材在保持学术性的同时，尽量言简意赅、通俗易懂，因此"复刻"本科教材的想法不切实际。在编写过程中，全体编委深深感悟，自学考试制度倡导以自主学习为基础，动员社会各界广泛资源参与助学，是极具中国特色的一所"没有围墙的大学"，也是培养实用性人才的国家战略，更是广大考生自学成才的摇篮。站在这一高度去看，编撰一部适用性教材的价值不言而喻。

在编写过程中，编委们力求做到结合医学细胞生物学的新进展、新理论和新方法，并将其融入健康与疾病领域范畴，重点诠释疾病发生与发展过程中的细胞与分子机制。本书对自考教材大纲与内容进行了重塑，一是删减了常规细胞生物学教材中的部分章节，如细胞信号转导、细胞分化等，将这些内容融入细胞结构相关章节，凸显细胞结构与功能的统一；二是对全书涉及细胞生物学原理与机制的内容加以"高保真"凝练，力求把一部卷帙浩繁的"大部头"教科书浓缩为一本"口袋书"，以适应自考读者易学易懂的需求；三是本书配以授课课件与习题，方便读者自学。

编写本书的初衷是为自考读者"量身定做"一本适用的细胞生物学教材，也是为国家培养实用性人才贡献绵薄之力。当然，这本"定制"教材是否契合目标，最有资格评判的是读者。如果"点赞"，就请送给所有编者；如果"吐槽"，我也会照单全收。

编者
2023 年 5 月

第一章　细胞概论

第一节　细胞生物学概述

细胞（cell）是生物体的基本结构单位。没有细胞，生命将不复存在。换言之，生物体是由细胞组成的。细胞生物学（cell biology）是研究细胞生命活动规律的学科。起初，细胞生物学研究主要依靠显微镜观察，借助细胞示踪和细胞培养技术，研究细胞结构以及亚细胞器定位等，因此属于细胞学（cytology）的研究范畴。随着生命科学技术的不断发展，细胞学的研究范畴逐步趋向于结构与功能的结合，从而更加注重探究细胞结构与功能之间的关系，由此衍生出细胞生物学的概念。20 世纪中叶，学科间交叉逐步兴起，细胞生物学与分子生物学、遗传学、系统生物学相互交融，从细胞组成的基因和蛋白质层面解释生物体全貌，诠释细胞与分子之间、细胞与细胞之间、细胞器与细胞器之间、细胞与细胞外相互作用对生命的影响，成为学科发展的潮流，分子细胞生物学（molecular cell biology）这一概念便应运而生。到 21 世纪初，细胞生物学与医学紧密结合，格外关注健康与疾病过程中的细胞与分子机制，特别强调细胞增殖、分裂、再生和死亡等与疾病发生、发展和转归的内在联系。可以预言，未来的细胞生物学将可能成为生物医学（biomedicine）重要的基础。当今社会有诸多热门话题，例如：人类的祖先从何而来？人体是如何从单一受精卵发育成为完整个体的？双胞胎孪生体的基因为何各有不同？人体为何有"生老病死"的过程？衰老基因如何开启？另外，还有基于疾病相关关键基因的检测与诊断、新型疫苗与靶向药物等。这些问题只有寄希望于医学细胞生物学的不断发展，才能找到答案。

第二节　细胞生物学发展简史

一、细胞的发现

从研究内容来看，可以将细胞生物学分为三个层次，即光学显微镜水平、电子显微镜水平和分子水平。从时间纵轴来看，又可以将细胞生物学的发展划分为四个阶段。

从 16 世纪后期到 19 世纪 30 年代可谓是细胞生物学发展的第一阶段，也是发现细胞和积累细胞知识的阶段。通过对大量动、植物的观察，人们逐渐意识到不同的生物都是由形形色色的细胞所构成的。其中，最具代表性的是英国科学家罗伯特·胡克（Robert Hooke），他多才多艺，尤其在物理学、机械制造、光学以及化学方面的造诣颇深，在生物学方面也有重大贡献。有一次，他把一块橡木切成薄片，然后用自己设计的显微镜进行观察。结果发现，橡木切片边界清晰、排列规则，细胞的形状犹如一个个小盒子，类似教士们所住的一个个小房间。因此，他把这一结构命名为 cellula（拉丁语，意为细胞）。这是人类历史上第一次成功观察到细胞。实际上，这些所谓的"小房间"不过是死亡植物细胞留下的"残垣断壁"（图 1-1）。虽然未能发现活细胞，但胡克首次提出了细胞的概念，他也因此被称为细胞发现之父。

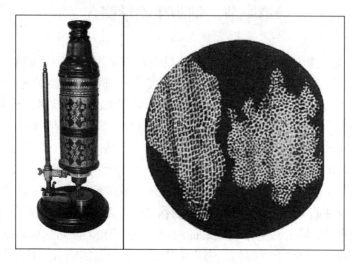

图 1-1　罗伯特·胡克发明的显微镜（1665 年）及其所观察到的细胞壁结构（橡木切片）

对细胞发现同样做出重要贡献的是荷兰人安东尼·范·列文虎克（Antonie Van Leeuwenhoek）。利用显微镜，他从鱼塘水中发现了一些活的浮游生物，并将其称为"小动物（animalcules）"。后来证实，这些"小动物"实际上是虫卵或其他藻类，也正是这些伟大发现首次印证了活细胞存在的科学事实。此外，列文虎克还首次测量了细胞的体积，如红细胞直径为 7.2 μm；细菌为 2 ~ 3 μm。随后，他还利用显微镜观察了节肢动物、软体动物、鱼类、两栖类、鸟类和哺乳动物（包括人）的精子，并发现了精细胞。他改进了显微镜，被称为光学显微镜之父。

继细胞发现之后，人们利用显微技术对细胞的形态进行了大量研究，其间有不少科学家对细胞的起源提出过不同的解释。直到 19 世纪 30 年代，德国植物学家施莱登（M.J. Schleiden）和动物学家施万（T. Schwann）才证明：所有植物和动物都是由细胞组成的，细胞是一切生命体的基本单位。这一学说即细胞学说（Cell Theory），它对于细胞生物学而言是革命性的突破。施莱登所著的《植物发生论》（*Beiträgezur Phytogenesis*）于 1838 年出版。他认为，无论多么复杂的植物，都是由细胞构成的。施万完全赞同施莱登的观点，同时他还发现，施莱登在植物中的发现同样适用于动物细胞，并于 1839 年发表了"关于动植物结构和生长一致性"的研究成果。施莱登和施万提出的细胞学说包括两方面内容：①所有生命体都是由细胞构成的（All living things are composed of one or more cells）。②细胞是构成生命体的基本单位（The cell is the most basic unit of life）。但是，关于细胞来源的问题依然不得其解。施莱登甚至认为，细胞是由非细胞物质通过某种类似结晶（crystallization）的方式自发形成的。1858 年，被称为"病理学之父"的德国病理学家魏尔肖（R. Virchow）提出了一个全新的观点，即细胞只能来源于已存在的细胞，细胞不可能自发形成。因此，细胞的来源得以明确，细胞学说的内容也增加了第三条。③所有细胞均源于已有的细胞（All the cells come from the pre-existing cells）。

细胞学说的重要意义在于明确了细胞作为生命体的基本组成单位这一事实。细胞学说是人类科学研究历史上的重要突破，被恩格斯誉为 19 世纪的三大发现之一。基于这一理论学说，所有生命现象以及引发人类的各种疾病都可以在细胞水平上得到解释，这就是魏尔肖于 19 世纪所著的《细胞病理学》（Cytopathology）的精髓所在。

二、细胞器的发现

从 19 世纪 30 年代到 20 世纪初期，可谓是细胞学发展的第二阶段。经过 200 多年的发展，显微镜技术的应用已经相当广泛，利用显微镜观察细胞的结构与功能是这一时期的主要特点。随着形态学、胚胎学和染色体知识的不断积累，人们深刻认识到细胞在生命活动中的核心作用。利用显微镜观察，1831 年，英国植物学家罗伯特·布朗（Robert Brown）从 3400 多种植物中发现兰花细胞中存在一种椭圆形物质，并首次将其命名为细胞核。

德国植物学家雨果·冯·莫尔（Hugo von Mohl）于 1845 年所发表的文章 "*Vermischte Schriften*" 中首次提出原生质（protoplasm）的概念。原生质一词源自希腊文，意思是带有颗粒的胶状物质。后来证实，细胞核实际上是被某些含有颗粒的胶状物质所包饶，这些胶状物质即细胞质。此外，莫尔还发现了细胞壁结构，而后者是植物细胞区别于动物细胞的重要特征之一。同时，莫尔还观察到细胞中存在着大量的管腔和纤维样结构，这些结构之后被证实为细胞骨架。

随着显微镜分辨率的提高，加之石蜡切片法及其他重要染色方法的发明，一些重要的细胞器相继被发现。例如，贝内登（V. Beneden）和博韦里（T. Boveri）发现了中心体（1883 年）；阿尔特曼（R. Altmann）发现了线粒体（1894 年）；高尔基（C. Golgi）发现了高尔基器（1898 年）。

作为神经元概念的奠基人，德国神经解剖学家瓦尔德尔（W. von Waldeyer）发现，分裂的细胞核内存在大量嗜碱性微丝，后者与有丝分裂（mitosis）和减数分裂（meiosis）密切相关。虽然瓦尔德尔的同事弗莱明（W. Flemmingm）于 1879 年就观察到了蝾螈细胞分裂现象，但直到 1882 年，瓦尔德尔才正式提出有丝分裂（mitosis）这一术语。之后，瓦尔德尔于 1888 年提出染色体（chromosome）这一概念。后来，德国植物学家斯特拉斯伯格（E. Strasburger）在植物细胞中发现了有丝分裂现象。他认为，有丝分裂的实质是核内丝状物（染色体）的形成及其向两个子细胞的平均分配，动、植物的受精实质上是父本和母本配子原核的融合，并于 1984 提出了分裂前期（prophase）和分裂中期（metaphase）的概念。

值得一提的是遗传学的奠基人——奥地利遗传学家孟德尔（G. Mendel），他被誉为现代遗传学之父。经过不懈研究，孟德尔提出了遗传因子（现称为基因）的概念。他在1865年发表的论文《植物杂交实验》中提出了遗传学的基本定律——分离定律（law of segregation）和自由组合定律（law of independent assortment），二者合称为孟德尔遗传定律，为遗传学的形成和发展奠定了坚实的基础，这也正是孟德尔的重大科研成果。遗憾的是，这一伟大贡献直到1900年由三位科学家科伦斯（C. Correns）、弗里斯（H. de Vries）和茨切马克（E. von Tschermak）重复验证后才得到学界的认同。

或许是孟德尔提出的"遗传因子"激发了瑞士生物学家米歇尔（F. Miescher）的研究兴趣。米歇尔17岁时便进入德国哥廷根大学学习医学，但他只读了一年便弃学，因为他对细胞遗传学产生了更浓厚的兴趣。转学到德国图宾根大学后，米歇尔试图从组织中分离淋巴细胞，再分析细胞核成分，但未获成功。经导师霍普·塞勒（Hoppe Seyler）指点，米歇尔尝试从脓液中分离得到较纯的淋巴细胞。他发现，在细胞核的制备过程中，有一种物质随着酸的加入而被沉淀，但加入碱后，该物质又被溶解。米歇尔当时并不知道这种物质的化学特点。经过后来无数次的实验，米歇尔终于在1869年2月的某一天证明，这种物质不溶于水和酸，但溶于碱，因为它是一种完全未知的新物质，所以将其命名为nuclein。同时，米歇尔还用火焰燃烧法证明nuclein主要由碳、磷和氮等元素组成。Nuclein后来被证实为脱氧核糖核酸（deoxyribonucleic acid，DNA）。

1908年，美国遗传学家摩尔根（T.H. Morgan）以黑尾果蝇为标本进行了遗传学实验研究。他于1910年提出遗传的染色体学说，1919年发表文章《遗传的物质基础（*Physical Basis of Heredity*）》一文，1926年发表文章《基因学说》（*Theory of the Gene*）。摩尔根不仅证实了染色体是基因的载体，确立了基因的染色体学说，而且他更为重要的发现是，位于同一染色体上的基因之间可以发生互换，使果蝇显示出新的表型特征，这一定律称为连锁定律，又被称为与孟德尔遗传分离定律和自由组合定律齐名的遗传第三定律。

三、电子显微镜的发现

20世纪30—70年代，借助于电子显微镜技术，细胞生物学研究进入第三个发展阶段。德国物理学家鲁斯卡（E.A.F. Ruska）因发明了电子显微镜而于1986年获得诺贝尔物理学奖。鲁斯卡毕业于慕尼黑工业大学，后转到柏林工业大学攻读博士学位。他发明电子显微镜时刚满25岁。在实验过程中，他发现传统意义上的光学显微镜由于受到光的波长限制，放大倍数难以提高。如果使用比光的波长短1000倍的电子作为光源，那么所拍摄标本照片的清晰度远比光学显微镜高得多。根据这一原理，鲁斯卡把几个磁线圈串联起来作为电子镜片，成功地制造出世界上第一台电子显微镜（简称电镜）。之后的40年间，人们利用电镜不仅发现了细胞的各类超微结构，而且对细胞膜、线粒体和叶绿体等不同细胞器的功能有了更多的了解，极大地拓展了细胞学的研究范畴。正是这一技术的发明，使得科学家们有可能将细胞结构与功能结合起来，并分析两者之间的关系，细胞生物学这一概念便应运而生。1924年，德·罗贝蒂斯（De Robertis）所著的经典教材《普通细胞学》（*General Cytology*）第一版问世，而到1965年该书第四版出版时，书名已经更名为《细胞生物学》（*Cell Biology*），这也凸显了电子显微镜技术应用对于推进细胞生物学学科发展的重要意义。

四、分子生物学时代

细胞生物学发展的第四阶段始于 20 世纪 70 年代。随着分子生物学技术的迅猛发展，细胞生物学研究不断向分子与基因水平深入。值得注意的是，人类基因组计划（Human Genome Project，HGP）的顺利完成为细胞生物学、发育生物学和遗传学等学科的发展提供了有力的支撑。人类基因组计划主要是确定构成人类基因组的碱基对序列并对其进行结构分析，尚未涉及其功能研究。由于蛋白质是细胞行使各种功能的主要分子，所以后基因组计划（包括蛋白质组计划）应运而生。蛋白质组计划更加注重研究细胞中基因编码的蛋白质的组成、结构、修饰及其功能，因此受到学界的广泛关注。与此同时，细胞生物学与分子生物学的结合也日趋紧密，揭示细胞分子组成及其结构的关系已成为生命科学领域的研究热点，包括基因调控、信号转导、肿瘤生物学、细胞分化和细胞凋亡等。

近代细胞生物学的重大突破始于 20 世纪 50 年代，得益于分子生物学的兴起，细胞生物学研究进入快速发展阶段，并获得了一系列重要发现和成果：

1. 1910 年，德国生物化学家科赛尔（A. Kossel）获得诺贝尔生理学或医学奖。他首先分离出腺嘌呤、胸腺嘧啶和组氨酸。

2. 1935 年，美国生物化学家斯坦利（W.M. Stanley）首次分离提纯得到烟草花叶病毒的结晶体。

3. 1940 年，德国科学家考斯奇（G.A. Kausche）和鲁斯卡（H. Ruska）发表了世界上第一张叶绿体的电镜照片。

4. 1941 年，美国科学家比德尔（G.W. Beadle）和塔特姆（E.L. Tatum）提出"一个基因编码一种酶"的概念。

5. 1944 年，美国细菌学家艾弗里（O. Avery）、麦克劳德（C. Macleod）和麦卡蒂（M. McCarty）通过微生物转化实验证明 DNA 是遗传物质。

6. 1949 年，加拿大科学家巴尔（M.L. Barr）发现巴氏小体。

7. 1951 年，美国科学家邦纳（J. Bonner）发现线粒体与细胞呼吸有关。

8. 1953 年，美国科学家沃森（J.D. Watson）和英国科学家克里克（F.H.C. Crick）提出 DNA 双螺旋模型，这被称为 20 世纪人类最伟大的发现之一。

9. 1955 年，比利时科学家迪夫（C. de Duve）发现了溶酶体和过氧化物酶体。

10. 1955 年，美国生物化学家维尼奥（V. du Vigneaud）因人工合成多肽而获得诺贝尔生理学或医学奖。

11. 1956 年，蒋有兴（美籍华人）利用徐道觉（另一位美籍华人）发明的低渗处理技术证实了人类染色体数目为 46 条，而不是早先认为的 48 条。

12. 1959 年，罗伯特森（J.D. Robertson）用超薄切片技术获得了清晰的细胞膜照片，显示了细胞膜暗 - 明 - 暗的三层结构。

13. 1961 年，英国生物化学家米切尔（P. Mitchell）提出线粒体氧化磷酸化偶联的化学渗透假说，并因此获得 1978 年诺贝尔化学奖。

14. 1961—1964 年，美国遗传学家尼伦伯格（M.W. Nirenberg）破译了 DNA 的遗传密码。

15. 1968 年，瑞士微生物学家阿尔伯（W. Arber）从细菌中发现了 DNA 限制性内切酶。

16. 1970 年，美国生物学家巴尔的摩（D. Baltimore）、杜尔贝科（R. Dulbecco）和特明（H. Temin）发现在 RNA 肿瘤病毒中存在以 RNA 为模板，可以通过逆转录生成 DNA 的逆转录酶，并因此共同获得 1975 年诺贝尔生理学或医学奖。

17. 1971 年，美国微生物学家内森斯（D. Nathans）和史密斯（H.O. Smith）研究出了核酸酶切技术。

18. 1973 年，美国分子生物学家科恩（S. Cohen）和博伊尔（H. Boyer）将编码蛋白质的基因与质粒重组后导入大肠埃希菌细胞中，并成功得到表达产物，从而揭开基因工程的序幕。

19. 1975 年，英国生物化学家桑格（F. Sanger）发明了 DNA 测序的双脱氧法，并因此获得 1980 年诺贝尔化学奖。此外，桑格因于 1953 年测定出牛胰岛素的一级结构而获得 1958 年诺贝尔化学奖，成为两次获得诺贝尔化学奖的科学家。

20. 1982 年，美国科学家普鲁西纳（S.B. Prusiner）发现了朊病毒（prion），认为蛋白质是一种独立的病原体并具有感染性，从而更新了医学感染的概念，并因此于 1997 年获得诺贝尔生理学或医学奖。

21. 1983 年，美国穆利斯（K.B. Mullis）首创聚合酶链反应（polymerase chain reaction，PCR）技术，用于体外快速扩增 DNA 序列，并因此于 1993 年获得诺贝尔化学奖。

22. 1984 年，德国科学家科勒（G.J.F. Kohler）、阿根廷生物化学家米尔斯坦（C. Milstein）和丹麦科学家杰尼（N.K. Jerne）由于发展了单克隆抗体技术，完善了极微量蛋白质检测技术而共同获得诺贝尔生理学或医学奖。

23. 1989 年，美国细胞生物学家奥尔特曼（S. Altman）和生物化学家切赫（T.R. Cech）由于发现某些 RNA 具有酶的功能（称为核酶）而共同获得诺贝尔化学奖。同年，美国科学家毕晓普（J.M. Bishop）和瓦尔姆斯（H.E. Varmus）由于发现了正常细胞也同样带有原癌基因而获得诺贝尔生理学或医学奖。

24. 1996 年，苏格兰爱丁堡罗斯林研究所的胚胎学家伊恩·维尔穆特（Lan Wilmut）带领的研究小组利用分化成熟的乳腺细胞培育出克隆羊"多莉"，将克隆技术成功地应用于体细胞无性繁殖。

25. 1998 年，美国科学家瓦卡亚马（T. Wakayama）和柳町隆造（R. Yanagimachi）成功地用冻干精子繁殖出小鼠。

进入到 21 世纪，细胞生物学的发展方兴未艾，某些领域的研究获得了重大突破，带动了生命科学与医学的发展。

26. 2000 年，科学家科尔曼（A. Coleman）带领的研究小组成功培育出世界首例克隆猪。

27. 2001 年，美国科学家哈特韦尔（L.H. Hartwell）、英国科学家保罗·纳斯（Paul Nurse）和亨特（T. Hunt）由于对细胞周期调控机制研究所做出的贡献而共同获得诺贝尔生理学或医学奖。

28. 2002 年，英国科学家布伦纳（S. Brenner）、美国生物学家霍维茨（H.R. Horvitz）

和英国科学家苏尔斯顿（J.E. Sulston）由于在器官发育的遗传调控和细胞程序性死亡方面的研究所做出的贡献而共同获得诺贝尔生理学或医学奖。

29. 2003年，美国科学家彼得·阿格雷（Peter Agre）和罗德里克·麦金农（Roderick MacKinnon）分别由于对细胞膜水通道、离子通道结构及其机制研究所做出的贡献而共同获得诺贝尔化学奖。

30. 2006年，美国科学家梅洛（C. C. Mello）和法尔（A. Fire）由于在RNA干扰机制研究方面的突出贡献而共同获得诺贝尔生理学或医学奖。

31. 2007年，意大利裔科学家卡佩奇（M.R. Capecchi）、英国科学家埃文斯（M. Evans）和美国遗传学家史密斯（O. Smithies）因发明了基因敲除技术以及对阐述基因功能的突出贡献而共同获得诺贝尔生理学或医学奖。

32. 2009年，美国科学家布莱克本（E.H. Blackbur）、格雷德（C. Greider）和绍斯塔克（J. Szostak）由于发现了染色体的端粒与端粒酶及相关功能机制研究而共同获得诺贝尔生理学或医学奖。三位科学家的开创性工作使人们进一步了解了有关细胞寿命、衰老和死亡等一系列科学问题。

33. 2010年，英国科学家罗伯特·爱德华兹（Robert Edwards）由于在试管婴儿技术方面的突出贡献而获得诺贝尔生理学或医学奖。爱德华兹于20世纪50年代就开始研究试管婴儿技术，并于1974年首获成功。试管婴儿技术的成功打破了人类繁衍的自然方式和过程，是生殖医学领域的一场革命，是现代医学治疗不育症的人类辅助生殖技术之一，对生命医学的发展产生了重大影响。

34. 2012年，英国发育生物学家格登（J.B. Gurdon）和日本科学家山中伸弥（Shinya Yamanaka）获得诺贝尔生理学或医学奖。两位科学家在相差40多年的时间里，探索着同一个科学问题。1962年，格登通过研究发现细胞的特化是可以逆转的（图1-2）。在一项经典的实验中，他将美洲爪蟾的小肠上皮细胞核注入去核的卵细胞内，结果发现一部分卵

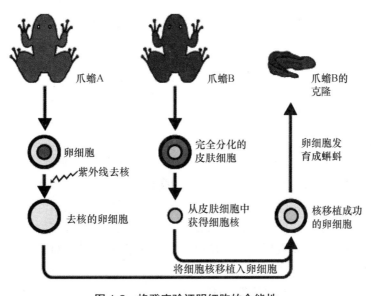

图1-2　格登实验证明细胞的全能性

依然可以发育成蝌蚪，其中的一部分蝌蚪又可以继续发育成为成熟的爪蟾。这一实验的重要意义是首次提出了细胞全能性的概念，即细胞的分化潜能是可以改变的。2007年，山中伸弥所在的研究团队通过进行小鼠实验研究发现了可以诱导人体表皮细胞使之具有胚胎干细胞活性的方法。该方法诱导出的干细胞可以转变为心脏和神经细胞，为研究多种心血管疾病的治疗方法提供了巨大助力。两位科学家的科研成果完全颠覆了人们对发育的传统观念，更新了细胞周期调控和发育机制的相关内容。

35. 2013年，诺贝尔生理学或医学奖授予了美国细胞生物学家罗斯曼（J.E. Rothman）、谢克曼（R.W. Schekman）以及德国生物化学家苏德霍夫（T.C. Südhof），以表彰他们在细胞囊泡转运及其机制研究方面做出的突出贡献。这项重要研究诠释了细胞内生物大分子作为胞内运送的"货物"如何进行包装、如何选择目的地，以及如何卸载。而作为这些"货物"的运送工具——囊泡（vesicle）就好比穿梭于细胞器之间或跨细胞膜运输的货船，在细胞内执行分拣、装船、运送、到达和验货等多道复杂程序。三位科学家的重大发现不仅解释了神经递质被突触释放并参与信号传递，而且使人们对胰岛素等多种激素的释放及其生理功能有了更深入的认识（图1-3）。

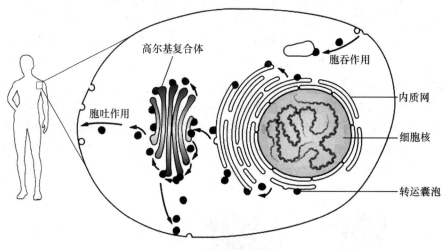

图 1-3　细胞内物质运输

每个细胞都具有细胞器，细胞内合成的生物大分子需要被囊泡包裹后精确地运送到目的地

36. 2016年，日本分子细胞生物学家大隅良典（Yoshinori Ohsumi）由于发现了细胞自噬（autophagy）现象并提出了自噬理论而获得诺贝尔生理学或医学奖。自噬的概念最早于20世纪60年代提出，科学家们发现，即将消亡的细胞器或细胞组分先用膜将所要消灭的内容物包裹起来，然后再将其送入所谓的再生细胞器——溶酶体加以降解和消化。但由于没有足够的研究证据，自噬的概念一直未被认可。直到20世纪90年代，大隅良典在酵母中幸运地找到了控制自噬的基因，后来又证实在人类细胞中同样存在类似的自噬调节基因，才使这一科学奥秘重现端倪。大隅良典提出的自噬理论很好地解释了人体在饥饿条件下可以通过细胞自噬生存，或在感染情况下可以通过自噬来消灭病原体。

37. 2020年，美国科学家阿尔特（H.J. Alter）、赖斯（C.M. Rice）以及英国科学家迈克尔·霍顿（Michael Houghton）因发现了丙型肝炎病毒而获得诺贝尔生理学或医学奖。早在20世纪70年代，阿尔特研究团队就已证明，很多输血后肝炎病例并非由甲型和乙型肝炎病毒所引发，而是由一种非甲非乙型肝炎病毒（即丙型肝炎病毒）所引发的。后续研究表明，将丙肝患者的血液注射给实验动物黑猩猩，也可导致动物罹患丙型肝炎。赖斯研究团队通过基因工程技术构建了一种丙型肝炎病毒 RNA 突变体，并将其注射到实验动物的肝脏中，结果在其血液中检测到了完整的病毒颗粒，并且动物肝脏组织病理变化与丙肝患者非常相似，为丙型肝炎的感染和传播找到了确凿的证据。肝炎病毒的发现不仅揭示了丙型肝炎的病因，而且使血液检测和新药研发成为可能。

第三节　细胞的基本知识

一、细胞的组成

（一）细胞的化学成分及其结构

总体说来，组成细胞的成分包括两大类，一类是水，约占细胞体积的 70%；另一类是化学物质，约占 30%（图 1-4）。细胞内化学物质包括有机物和无机物。细胞内无机物有氢、氧、氮、磷、硫、钙、钾、铁、钠、氯及镁等离子。细胞内有机物的组成实际上比较简单，主要的是碳原子。碳原子可与其他基团（如甲基、羧基和羟基等）组合成分子量更大的有机物。根据分子量大小，可将有机物分为小分子和大分子物质两类。小分子物质主要包括单糖、脂肪酸、氨基酸和核苷四类。除核苷外，其他三类生物小分子主要作为游离分子存在于细胞质内。而大分子物质则是由这四类小分子物质聚合形成的多糖（糖原）、脂肪（脂质）、蛋白质和核酸。生物大分子常以单体或多聚体的形式存在于细胞内，或者它们之间相互结合，构成细胞的分子基础和结构体系，如膜蛋白、核蛋白、脂蛋白、糖蛋

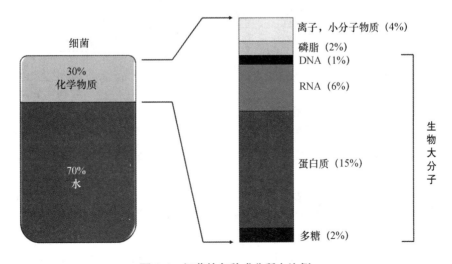

图 1-4　细菌的各种成分所占比例

白与糖脂等（表1-1）。蛋白质是细胞内最为特殊的一类生物大分子，包括细胞内外各种酶类分子、细胞结构组成单位（如膜蛋白、核蛋白和骨架蛋白等），以及绝大多数信号分子（如生长因子及受体、细胞因子及转录因子等）。

表1-1　典型哺乳动物细胞的各种化学成分所占比例

成分	所占比例（%）
水	70
无机物（钠、钾、钙、镁、氯等）	1
有机物小分子物质	3
大分子物质	
蛋白质	18
核酸	2
磷脂等	4
多糖	2

　　细胞相关生物大分子的形态有三种（表1-2）。①第一种形态是膜状：包括细胞膜、内膜和核膜。这些膜主要由蛋白质和脂质构成。正是这些膜结构将细胞分成不同的区域，以保证细胞内各种不同的物质代谢过程互不干扰，有序地进行。细胞膜是细胞最外层结构，细胞通过细胞膜与外界进行物质交换。②第二种形态是线（纤维）状：如微管（由微管蛋白聚合形成）、微丝（由肌动蛋白组成）和中间丝（由角蛋白、结蛋白、波形蛋白、神经元纤维蛋白、胶质纤维酸性蛋白等组成）。这些线状结构对细胞的运动、形状和分裂起重要作用。另外一些线状结构由核酸组成，如信使RNA（mRNA）和核仁中的核糖体RNA（rRNA），以及由DNA和蛋白质构成的染色质，在遗传信息的复制和转录过程中呈现高度复杂的动态变化。③第三种形态是颗粒状：线粒体内膜上和叶绿体类囊体膜上的基粒以及核糖体（ribosome）都属于颗粒结构。前两者由蛋白质构成，可进行氧化磷酸化和光合磷酸化，后者则由RNA和蛋白质组成，是合成蛋白质的场所。

表1-2　细胞相关生物大分子的形态结构及其与细胞功能的关系

形态结构	类型	亚显微结构部位	主要化学成分	主要功能
膜状	无孔	细胞膜、内膜系统、线粒体膜等	脂蛋白	参与物质转运和信号转导，维持物质代谢过程的区域化与秩序化
	有孔	核膜		
线状	可高度集缩（通过螺旋化或折曲）	染色质	脱氧核糖核蛋白	参与遗传信息的复制和转录
	不可高度集缩	微丝、微管、中间丝	蛋白质	主要起支撑作用，调节原生质运动和细胞分裂活动
颗粒状	有柄	线粒体基粒	蛋白质	参与氧化磷酸化
	无柄	核糖体	核糖核蛋白	参与蛋白质合成

（二）细胞器

自 1665 年胡克发现细胞后，直到 1839 年"细胞学说"的提出，人们才得知：细胞是组成生物体的基本结构和功能单位。但当时人们对细胞的内在结构仍浑然不知，直到 20 世纪 50 年代，科学家才通过高分辨率光学显微镜和电子显微镜观察到细胞内的精细结构。真核细胞的细胞质（cytoplasm）是指介于细胞膜与细胞核之间的部分，又称胞质，由细胞骨架和细胞器等结构组成。细胞质是细胞的基质，呈胶体状。如果把细胞比喻成一个鸡蛋，那么蛋壳是细胞膜，蛋黄是细胞核，蛋清就是细胞质。细胞质内具有一定形态、执行特定功能的亚细胞结构，称为细胞器（organelle），如线粒体、内质网、溶酶体和过氧化物酶体等。细胞器在光镜和电镜下可呈现出某种结构特征，它们通常被单层或双层膜包绕。常见细胞组分在细胞内所占的比例和数量见表 1-3。

表 1-3 典型肝细胞中某些组分所占的比例与数量

细胞组分	所占的比例（%）	每个细胞所含有的数量
细胞质	54	1
线粒体	22	1700
高尔基体和内质网	15	1
细胞核	6	1
溶酶体	1	300

二、细胞的形状与体积

（一）细胞的形状

细胞的形状多种多样，如圆形、椭圆形、多角形、扁形、梭形、柱形，甚至呈现不规则形状等。

由于单细胞生物往往独立生存，细胞与细胞之间互不相干，故单细胞生物的形态相对固定，如呈棒状的细菌称为杆菌；呈球状的细菌称为球菌；呈弯曲样的细菌则称为弧菌等。高等生物是由多细胞组成的有机体。由形态相仿、功能相近的细胞与细胞外基质组合在一起并构成的具有一定形态结构和生理功能的细胞群体称为组织（tissue），如心肌组织基本上由具有收缩功能的心肌细胞构成，肝组织则由具有分泌功能的肝细胞组成。细胞的形状除了受其自身分化状态的影响外，还与其所执行的生理功能有关。例如，肌肉细胞呈长梭形，以利于伸缩；红细胞呈扁盘状，有利于 O_2 和 CO_2 的运输和交换；神经细胞具有很长的细胞突起，以便于传导神经冲动。由此可见，形态结构和功能的趋同性是细胞的一个重要特征。

（二）细胞的体积

不同细胞的体积（即细胞大小）差异很大。最大的细胞（如鸵鸟卵黄细胞）直径可达 5 cm，而最小的细胞（如支原体）直径仅有 0.2 μm。一般来说，原核生物细胞直径介于 1 ~ 10 μm，普遍小于真核生物细胞（直径为 10 ~ 100 μm），哺乳动物的细胞小于植物细胞。绝大多数哺乳动物的细胞都非常小，需要借助显微镜进行观察。

　　细胞体积的差异不仅存在于不同的个体之间，还存在于同一个体内。例如，不同组织来源的细胞体积可以相差数倍，产生这种差异的原因主要是细胞的代谢活动及细胞的功能不同。例如，代谢活跃的骨骼肌细胞一般比较粗大，而代谢相对缓慢的平滑肌细胞则比较纤细。高等动物的体细胞直径一般为 20 ~ 30 μm。表 1-4 中列出了数种不同细胞的大小差异。

表 1-4　数种不同细胞的大小差异

细胞来源和类型	人卵细胞	变形虫体细胞	海胆卵细胞	肝细胞	红细胞	伤寒沙门菌	流感嗜血杆菌	肺炎支原体
细胞大小（μm）	120	100	70	20	7	1.2	1.0	0.1

　　细胞的体积可因外界环境条件的影响而发生变化。经常参加体育锻炼的人肌肉发达，其原因是肌纤维增粗。但总体而言，细胞的体积通常会保持在一个恒定的范围，尤其是同一器官和组织的细胞。例如，大象与小鼠的体重和体表面积相差悬殊，但是两者相应器官与组织内的细胞的体积差异不大。即使是神经细胞，两者的体积也仅相差 2 倍左右。因此，器官的大小主要取决于细胞的数量，而与细胞的体积无关，这就是细胞体积守恒定律。细胞体积守恒主要包括以下两方面内容。

　　1. 核质比（nuclear-cytoplasmic ratio）　即细胞中细胞核与细胞质的体积之比，可以用公式表示为：$NP=Vn/（Vc-Vn）$，式中的 NP 为核质比，Vn 和 Vc 分别代表细胞核和细胞的体积。通常，细胞核的体积约占细胞总体积的 10%，即 $Vn=1/10 Vc$，因此核质比为 1/9，这是制约细胞最大体积的主要因素之一。在细胞分裂周期中，只有细胞大小达到一定值，才能触发细胞分裂。因此，有人将核质比称为细胞周期调控的体积检查点（size checkpoint）。

　　2. 表面积 - 体积比值（或称相对表面积）　即单位体积所拥有的表面积，可用公式表示为：$I=S/V$，式中的 I 为比值，S（surface area）和 V（volume）分别代表细胞的表面积和体积。表面积 - 体积比值的大小与细胞内外物质交换及细胞内物质的交流有一定的关系。假设细胞为球状，则 $S=4\pi r^2$，$V=4/3 \pi r^3$，$I=3/r$。由此可以看出，细胞的直径越小，其表面积 - 体积比值越大；反之，细胞的直径越大，其表面积 - 体积比值越小。例如，1 个直径为 0.1 μm 的支原体 I=60；1 个直径为 1.0 μm 的球菌 I=6。

　　存活的细胞必须与周围环境不断地进行物质交换，同时，转运到细胞内的物质也需要不断地扩散与传递。细胞体积越小，表面积 - 体积比值就越大，越有利于物质交换和转运。若细胞体积增大，则表面积 - 体积比值减小，细胞与外界的物质交换就会非常困难。为了克服这一困难，许多体积较大的细胞其质膜会向内陷入，从而使相对表面积值增大；有的细胞则在其表面形成许多突起（微绒毛和伪足），如小肠上皮细胞其顶端有 1500 ~ 3000 根微绒毛，这样就使得其相对表面积增大了近 20 倍，有利于吸收营养物质。

　　细胞体积的最小极限取决于其独立生活所需的最基本成分所占的体积。据推算，一个细胞体积的最小极限直径不可能小于 100 nm，而目前发现的支原体细胞的直径已接近这个极限，并且支原体具备了一个细胞生存与增殖的最基本结构装置与功能。因此，支原体细胞是迄今发现的体积最小、结构最简单的细胞。

（三）细胞的数量

除病毒外，一切生命体均由细胞构成。单细胞生命体只由 1 个细胞构成，如细菌。多细胞生物根据其复杂程度由数百甚至上万亿个细胞构成。但某些极低等的多细胞生物（如盘藻）也仅由 4～8 个或数十个未分化的、类型相同的细胞构成。高等动物或植物有机体则由无数个功能与形态结构相同或不同的细胞组成。例如，人体内有 200 多种不同类型的细胞，虽然它们的形态结构与功能差异很大，但它们相互之间有着精细的分工与合作。成人个体约有 10^{14} 个细胞，刚出生的婴儿则有 10^{12} 个细胞。1 g 哺乳动物肝组织或肾组织有 2.5 亿～3 亿个细胞。

三、细胞的基本共性

从结构上看，一类细胞或一种细胞，无论是真核细胞还是原核细胞，也不考虑是单细胞还是多细胞，更不论其结构是简单还是复杂，都保持着特有的形态与结构。从功能上看，细胞是一个独立的、有序的、自控性极强的集合体。但是作为生命体的基本单位，无论细胞的结构如何多样，功能如何迥异，都具有以下几个共同特点：

1. 细胞拥有一套独特的遗传密码及使用方式 细胞的结构是简单还是复杂主要取决于其含有的遗传信息量，即一套完整的遗传物质的总和，称为基因组（genome）。基因组所含的遗传信息量十分庞大。从已经完成的人类基因组计划测定结果来看，如果把基因组信息转换成碱基——ATCG，那么用 A4 纸要写满数百万页。令人惊奇的是，这一浩瀚的信息（information）就贮存在一套微小的染色体上。而染色体的体积甚至比小四号字的 information 首字母"i"的实心点还小 1/20 000（i 实心点为 0.2 mm，而染色体为 0.1 μm）。

长久以来，基因（gene）仅被视为一种生物信息的承载体；现在看来，基因的功能远不止承载信息这一范畴。基因是控制细胞发生、发展的核心物质，同时又是影响细胞结构及其功能的决定性因素。几乎所有的细胞生理功能，如发育与分化、增殖与衰老，合成与代谢，迁移与运动，死亡与凋亡等，均受到基因的控制。明确细胞如何利用庞大的生物遗传信息来发挥一系列复杂的调控功能，是当今生命科学研究的重大课题。

2. 细胞能精确地进行自我复制 正如生物体能繁衍后代一样，细胞也能进行自我复制。细胞的复制过程称为细胞分裂（cell division），是一个母细胞成分均等地分配给两个子细胞的精细过程。以体细胞为例，在分裂前，母细胞的遗传物质必须倍增，以满足两个子细胞组成之需。分裂后，两个子细胞的内容物完全均等，且体积基本一致。只有一种细胞例外，即生殖细胞。卵原细胞通过增殖和分化形成初级卵母细胞（oocyte），其中一个初级卵母细胞获得其母细胞胞质的 90%，而另一个可能只分得余下的 10%。尽管如此，两个初级卵母细胞所含的遗传物质均为卵原细胞的 50%。

3. 细胞需要能量才能生存 细胞在保持其复杂结构以及维持这些结构正常运转的过程中，需要源源不断的能量供给。植物细胞可以利用细胞膜上的捕光色素捕获光能，再将光能转化为化学能，并以糖和淀粉等形式加以储存。动物细胞通过摄取葡萄糖而将其作为主要的能量来源。体内葡萄糖从肝细胞释放入血，供所有细胞摄取。葡萄糖进入细胞后，会以某种形式（如 ATP）将其能量储存起来，待需要时使用。

4. 细胞是一个加工厂 细胞的功能就像是一个微型"化工厂"。以最简单的细胞——

细菌为例，发生在细菌内的生化反应多达数百种。细胞内发生的所有生化反应都需要酶的催化，这些有序的生化反应统称为新陈代谢（metabolism），简称代谢。

5. 细胞活动生生不息　细胞作为生命体的基本单位，其内部时时刻刻都在发生着各种事件，如物质合成与转运、吞噬与分泌，以及能量代谢等。此外，肌细胞的收缩与舒张、腺细胞分泌、神经细胞的递质传递、免疫细胞的趋化作用等，都是细胞活动的具体体现。因此，细胞的活动可谓生生不息。这些活动的停止，即意味着生命将告结束。

6. 细胞具有应激反应　不同种类的细胞，对外界刺激的反应性也不同。例如，单细胞生物在运动过程中遇到障碍就会"自动"躲避，而遇到营养物质就会"主动"摄取；多细胞生物对外界环境刺激的应激反应没有单细胞那样简单，会呈现出各种各样的形式，反应程度也有所不同。细胞表面或细胞内的受体（receptor）是引发细胞应对外界反应的分子基础。受体是细胞表面或细胞内的一类特殊分子，它们负责与细胞外的特定化学物质结合并引发细胞特异反应。此外，受体还能与某些物质发生特异性结合，把外界的信息传入细胞内。受体分为细胞表面受体和细胞内受体，其化学本质主要是蛋白质。习惯上将能与受体特异性结合的分子称为配体（ligand）。激素、生长因子、细胞因子、脂质分子、细胞外基质、离子，甚至某些气体分子等都可以作为配体与受体结合。受体与配体结合后，通过细胞内一系列分子的接续，可以使外界信号继续向细胞内传递，这一过程称为信号转导（signal transduction）。而细胞由此发生的各类反应，如细胞内物质的合成与分解、细胞增殖与分裂、细胞黏附与运动、细胞死亡与凋亡等，则是信号转导产生的效应。

7. 细胞能进行自我调节　细胞具有自我调节功能，以适应外部环境的变化。随着外部环境的变化，细胞可通过自我调节获得或者丧失部分功能，主要是基因结构与功能的改变，遗传学上称为突变（mutation）。值得注意的是，有的突变并不影响突变细胞或突变个体的表型（phenotype），但更多的突变结果则是使突变体发生明显的表型改变，例如，细胞 DNA 复制与分裂过程中发生的基因突变（包括缺失突变、点突变、移码突变等）。这些突变如不能得到及时纠正，则会遗传到子代细胞，严重者还可造成子代细胞生长失控，发生恶性转化（malignant transformation），即癌变。

早在 1891 年，德国胚胎学家杜里舒（H. Driesch）就曾发现可人为调节细胞分裂（图 1-5）。在海胆胚胎发育过程中，早期桑葚胚形成阶段的受精卵细胞（即首次分裂形成的 2 个卵裂球，第二次分裂形成的 4 个卵裂球）若在体外培养，则每个细胞可以独立分化形成正常胚胎。那么，为何这样一个只占 1/2 或 1/4 囊胚的卵裂球不会发育成为 1/2 甚至 1/4 的个体，而是可以通过自我调节独立发育成完整的个体？体外分离培养的这些卵裂球何以"得知"其相邻细胞发生了缺失？而它们又是如何独立地承担起"传代"这项重任的？是否这些早期胚胎细胞具备了某种"先知先得"的特殊功能？这一里程碑式的重大发现为细胞全能性理论奠定了基础，而直到 100 多年后的今天才被发育生物学家广泛认知，但其中的理论问题仍无法解释。

8. 细胞内物质的相互作用　随着细胞分子生物学的不断发展，人们已知控制细胞结构与功能的全部信息都贮存在核酸内。长期以来，人们一直认为只有蛋白质才是遗传信息的唯一执行者。每一个蛋白质分子都由特定基因所编码，并履行"规定"的职责，如同工厂的流水线，前后工序之间衔接得有条不紊。例如，蛋白质合成、激素分泌、肌肉收缩都由不同的

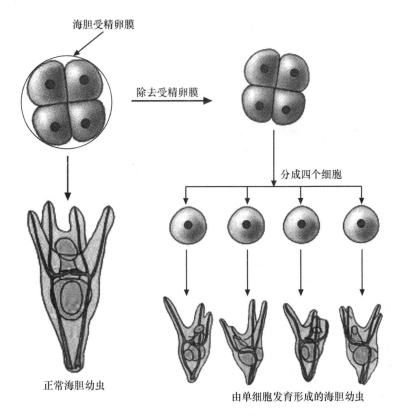

海胆受精卵膜

除去受精卵膜

分成四个细胞

正常海胆幼虫

由单细胞发育形成的海胆幼虫

图 1-5　海胆囊胚被切割后仍能形成成体的示意图

程序来决定。蛋白质或是单独作用，或是通过蛋白质与蛋白质之间的相互作用，行使着某些生物学功能。正是由于核酸和蛋白质两种生物大分子的存在，以及它们之间复杂的相互作用，细胞才有多样性的生物学功能。但近年来，随着生命科学的发展，人们逐步认识到生物大分子的种类多种多样，作用方式也极为复杂。对生物大分子的结构和功能研究也逐步派生出多个新的学科，如基因组学、蛋白质组学、糖组学和脂质组学等。除了蛋白质外，还有脂质、多糖和某些小分子化合物也可以作为遗传信息的执行者，尽管它们不被任何基因所编码。例如，人类红细胞表面含有不同的侧链糖分子决定着红细胞的抗原类型或 ABO 血型；不同的脂质或多糖成分也决定着肿瘤细胞表面抗原表位，依据这些表位而研发出的肿瘤靶向药物已成为未来肿瘤免疫治疗和药物治疗的新方向。随着表观遗传学的发展，已知核酸也可以是遗传信息传递过程中的重要调节因素。例如，非编码 RNA（包括微 RNA 和长链非编码 RNA）可以通过简单配对原理与相应 mRNA 结合，不仅在翻译水平上影响基因表达，有的长链非编码 RNA 入核后还可直接与结构基因上游启动子区特异性结合而影响基因转录，也可抑制 RNA 聚合酶 II 的活性，通过介导染色质重构以及组蛋白修饰，影响下游基因的表达。

第四节　原核细胞与真核细胞

在种类繁多、浩如烟海的细胞世界中，根据细胞的进化方式、结构复杂程度、遗传装置类型与生命活动方式，可以将其分为原核细胞与真核细胞两大类。

一、原核细胞

原核细胞（prokaryotic cell, prokaryote）一词来自希腊语，pro 表示在什么之前，karyon 表示细胞核（nucleus）。原核细胞是指一类无明显细胞核结构、其内遗传物质没有膜包围的细胞，如细菌（bacteria）和蓝藻（cyanobacteria）。某些原核细胞的遗传物质集中存在于细胞的某个或数个区域中，而有的原核细胞（如支原体）的遗传物质可均匀地分布在整个细胞内。原核细胞在地球上已生存了约 35 亿年，比真核细胞生物约早出现 20 亿年。原核细胞的三个最基本特点是：①细胞内没有细胞核及核膜；②细胞内没有特定分化的复杂结构以及内膜系统；③细胞内所含的遗传信息量相对较小，染色质仅为简单的环状 DNA 分子。原核细胞的体积一般很小，直径为 0.5 ~ 5.0 μm。由原核细胞构成的生命体称为原核生物，而几乎所有的原核生物都由单个原核细胞构成。原核生物在地球上的分布广度及其对生态环境的适应性远远超过了真核生物。

细菌是原核细胞的典型代表之一。根据细胞的形状，可将细菌分为三类：呈球状或椭圆形的细菌称为球菌，呈杆状或圆柱状的细菌称为杆菌，呈螺旋状或弧形的细菌称为螺旋菌。绝大多数细菌的直径为 0.5 ~ 1.0 μm。细菌均没有典型的细胞核，取而代之的是类似核的区域，称为拟核（nucleoid）或类核，是环状 DNA 分子集中的区域，其周围是胞质。除了核糖体外，原核细胞不含有与真核细胞类似的细胞器。细菌的细胞膜是典型的生物膜结构，具有多功能性（图 1-6）。细菌以二分裂（binary fission）方式进行繁殖，即一个细菌细胞壁横向分裂，形成两个大小相近的子细胞。

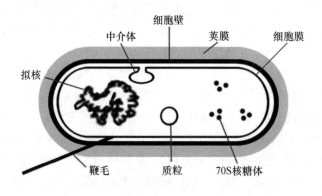

图 1-6　细菌模式图

二、真核细胞

真核细胞（eukaryotic cell, eukaryocyte）一词来源于希腊语，eu 表示真正的，karyon 表示核。可以看出，是否具有细胞核是真核细胞与原核细胞的根本区别。真核细胞具有细胞核，99% 以上的遗传信息都集中在细胞核内。从功能来看，核膜是一个屏障，将细胞质与细胞核分隔开，使之形成两个相互独立的区域。换言之，如果将原核细胞比作"单居室"，则真核细胞类似于"一室一厅"。此外，真核细胞还具有分化良好的细胞器与内膜系统、蛋白纤维构成的细胞骨架系统，以及以线粒体为代表的有氧代谢体系，这些都是真核细胞的特点（图 1-7）。真核细胞具有完善的生物膜系统。除了细胞膜外，真核细胞内部有一套膜系统，其结构和功能与细胞膜类似，但又不同于细胞膜，称为内膜系统。真核细胞具有完善的细胞骨架体系（包括微管、微丝和中间丝等），具有维持细胞形态，参与细胞黏附、细胞运动和分裂等功能。

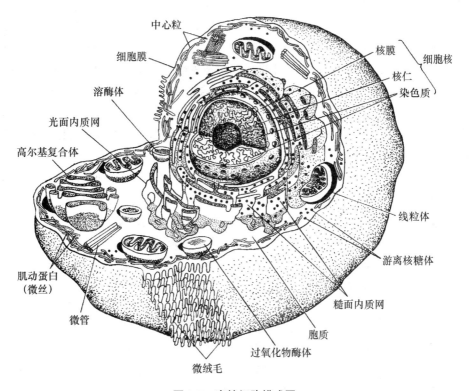

图 1-7　真核细胞模式图

三、真核细胞的特点

1. 遗传信息的传递与表达体系　染色质（chromatin）由 DNA、蛋白质（主要是组蛋白和少量酸性蛋白质）及少量 RNA 构成。DNA 复制与 RNA 转录都是在染色质上进行的。真核细胞内遗传信息的传递遵循中心法则，即 DNA-RNA- 蛋白质。与原核细胞不同，真核细胞的转录过程主要在细胞核内进行，而翻译过程则在细胞质中进行。核小体是真核细胞染色质和染色体的基本结构单位。在细胞分裂阶段，染色质经过螺旋化、折叠，进而组装成一种特殊线状结构——染色体（chromosome）。真核细胞的核糖体是由 rRNA 与数十种蛋白质构成的颗粒结构，其沉降分数为 80S，由 60S 大亚基和 40S 小亚基组成。大亚基含有 28S rRNA、5.8S rRNA、5S rRNA 和 40 多种蛋白质。小亚基含有 18S rRNA 和 30 多种蛋白质，是合成蛋白质的细胞器，其功能是将氨基酸根据 mRNA 的指令按一定序列合成肽链。值得一提的是，真核细胞的基因转录和翻译比原核细胞更为复杂，参与的调节因素更多。染色质中储存的遗传信息（基因序列）是影响子代性状与功能的最主要因素。古语讲，"种瓜得瓜，种豆得豆"，指的就是亲代遗传信息对子代的决定性影响。值得一提的是，近年来，表观遗传调节备受关注。表观遗传学（epigenetics）是研究在基因序列不发生改变的前提下，生物体表型或基因表达出现稳定的且可遗传变化的学科，即亲代细胞在有丝分裂时，有能力把自己的一整套基因表达程序传递给子代细胞。表观遗传调节可以发生在组蛋白水平，也可以发生在 DNA 水平以及 RNA 水平（由非编码 RNA 引发）等。表观遗传调节最典型的例子就是在生物体发育早期干细胞的分化调节。在个体发生过程中，一个受精卵即全能干细胞（totipotent stem cell）是否能分化为多能干细胞（pluripotent stem cell，PSC），进而分化形成各种成熟细胞，不仅取决于受精卵细胞本身是否拥有全套分化相关基因，还取决于这些基因在转录水平是否发生表观遗传修饰（如乙酰化、甲基化等）。同样，蛋白质翻译后修饰也属于表观遗传修饰的范畴，翻译后的蛋白质侧链上添加不同的功能基团，可以改变蛋白质的功能（如磷酸化、泛素化等），最终影响干细胞的发育与成熟。

2. 生物膜系统　真核细胞内部存在由膜围绕的多种细胞器，细胞内膜与细胞质膜统称为生物膜（biomembrane）。生物膜具有共同的结构特征，也具有各自高度专一的功能，以保证细胞生命活动的高度有序化和高度自控性。细胞质膜（plasma membrane）即细胞膜（cell membrane），构成细胞边界，使细胞具有一个相对稳定的内环境。细胞膜的主要功能是进行选择性的物质交换，还可参与能量转换、分子识别、黏附运动以及信号转导等。细胞内有一些执行特殊功能的亚细胞结构，称为细胞器（organelle），这些结构往往被单层或双层生物膜围绕。为了与细胞膜区别，习惯上将包绕细胞器的膜结构称为细胞内膜系统（endomembrane system），包括线粒体、内质网、高尔基复合体、溶酶体以及核膜等膜结构。细胞膜是细胞的天然屏障，对于保障细胞活动（生存、生长、分裂和分化等）的有序进行非常重要。细胞膜表面具有某些特定分子，如抗原和受体。抗原可作为标志物，被免疫分子及其他细胞所识别；而受体则可与特定的信号分子结合，将细胞外信息传递到胞内。同时，细胞膜还是物质跨膜转运的首道屏障。细胞膜上具有种类繁多的载体（carrier），可帮助小分子物质（如糖、离子等）完成跨膜转运。细胞外的营养物质或其他生物大分子首先要通过细胞膜内陷形成的小泡（vesicle）即囊泡所包裹，这一过程称为胞吞作用（endocytosis），然后通过小泡被运输至溶酶体。溶酶体内含有许多水解酶，主要负责消化、分解小泡内物质（或分子），后者被消化分解后再被转运到其他细胞器做进一步处理。细胞外大分子、颗粒物质以及部分细胞碎片，甚至病毒和细菌，均需通过这种方式才能进入细胞。相反，待释放的细胞内物质（如激素、抗体、分泌蛋白质等）也需要先被小泡包裹，然后在内质网和高尔基复合体经过进一步修饰与加工，形成分泌囊泡，才能被转运到胞外，这一过程称为胞吐作用（exocytosis）。由此可见，物质可通过跨膜转运进出细胞，也可借助囊泡在细胞器之间进行物质传递，这种借助囊泡进行物质转运的方式称为囊泡运输（vesicular transport）。

3. 细胞骨架系统　细胞骨架（cytoskeleton）系统是由一系列特异的结构蛋白构成的网架系统。细胞骨架可分为细胞质骨架与细胞核骨架，实际上它们是互相联系的。细胞质骨架，即通常说的细胞骨架，包括微丝（microfilament）、微管（microtubule）和中间纤维（intermediate filament）三种。微丝的主要成分是肌动蛋白，直径为 5 ~ 7 nm，其主要功能是参与胞质运动（细胞分裂、变形运动等）。微管的直径较粗大，其内外径分别约为 14 nm 和 24 nm。微管主要由微管蛋白和某些微管结合蛋白组成。除了对细胞结构起支撑作用外，微管还能为细胞内物质运输提供完善的轨道系统。细胞内大分子物质、颗粒物质和囊泡运输正是基于这些轨道系统才得以实现的。中间纤维又称中间丝，因其直径（约为 10 nm）介于微管与微丝之间而得名。中间丝的组成比较复杂，可分为多种类型，其蛋白质成分的表达与细胞分化密切相关。值得一提的是，细胞核骨架研究近年来有较快发展。广义的细胞核骨架包括核纤层与核基质两个部分。构成核纤层的成分是核纤层蛋白，核基质的蛋白质成分则颇为复杂。现已发现，细胞核骨架与基因表达、染色体构建与排布有关。

四、真核细胞与原核细胞间的区别

真核细胞的三大特点就是真核细胞与原核细胞最本质的区别（表 1-5）。

表 1-5　原核细胞与真核细胞基本特征的比较

特征	原核细胞	真核细胞
细胞膜	有	有
核膜	无	有
染色体	由一个环状 DNA 分子构成的单个染色体，DNA 不与或很少与蛋白质结合	具有多个染色体，染色体由线状 DNA 与蛋白质结合组成
核仁	无	有
线粒体	无	有
内质网	无	有
高尔基复合体	无	有
溶酶体	无	有
核糖体	70 S（50 S 大亚基和 30 S 小亚基）	80 S（60 S 大亚基和 40 S 小亚基）
核外 DNA	细菌具有裸露的质粒 DNA	包括线粒体 DNA，叶绿体 DNA
细胞壁	主要成分为氨基糖和胞壁酸	动物细胞无细胞壁，植物细胞壁的主要成分为纤维素和果胶
细胞骨架	无	有（微管、微丝和中间丝）
细胞增殖方式	无丝分裂（直接分裂）	有丝分裂（间接分裂）

1. 真核细胞具有核和核膜　真核细胞具有细胞核，且细胞核被核膜所覆盖。核膜将胞质与核质彻底分开，使遗传信息的储存、复制与转录过程局限在一个独立的区域，即细胞核内。而遗传信息的翻译（如蛋白质合成）、能量代谢、物质转运等过程，均在细胞质内进行。不同的是，原核细胞的 DNA 分子主要聚集在细胞质内，周围没有核膜包绕。因为不具有细胞核，因此原核细胞的遗传信息的加工与复制（如 DNA 合成、RNA 转录）以及翻译（如蛋白质合成）都在细胞质内的某个区域（compartment）完成。

2. 真核细胞具有丰富的细胞内膜系统　真核细胞具有丰富的内膜系统以及由膜包绕的细胞器，如内质网、高尔基复合体、溶酶体、线粒体和过氧化物酶体等。内膜系统的形成是细胞进化过程中的一次重大飞跃。但是，原核细胞没有内膜系统，细胞膜只是靠内陷、折叠，以及与各种酶或色素结合，才能最大限度地发挥其功能。

3. 真核细胞具有形状迥异的骨架　细胞骨架包括微管、微丝和中间丝。这些呈网状排布的骨架系统主要负责维持细胞的形态和结构。另外，细胞骨架还具有轨道作用，以确保细胞内物质（如激素、蛋白质等）运输的有序进行。同时，细胞骨架还参与细胞内外物质运输、调节细胞运动及分裂等。近年发现，细胞核骨架对遗传基因的表达与调控也起重要作用。

4. 真核细胞具有丰富的遗传信息　过去认为，真核细胞的遗传信息量是原核细胞无法比拟的。但目前已知，真核细胞和原核细胞的基因组容量实际上不相上下，但是前者所编码的基因数量更加庞大，这主要是由于真核细胞具有更加复杂的信息加工体系。真核细胞的基因表达过程依次为转录、转录后修饰，以及翻译、翻译后修饰等。整个过程为序贯发生，不可颠倒。同时，每个过程又都受到严格的调控，称为基因调节（gene regulation）。其中，在转录前发生的称为转录前调节，在转录后和翻译阶段发生的称为转录后调节。真核细胞的基因调节非常复杂，往往存在时段性、多样性和特异性，这些特点都是原核细胞无法比拟的。真核细胞的细胞分裂分为无丝分裂（amitosis）、有丝分裂（mitosis）和减数分裂（meiosis）三种。有丝分裂和无丝分裂的区别在于是否出现染色质凝集成染色体以及纺锤丝形成。无丝分裂是指细胞核与细胞质直接分裂，又称直接分裂。而减数分裂是细胞分裂过程中发生了染色体数目减半的现象，即染色体只复制一次，细胞连续分裂两次，故称为减数分裂。原核细胞（如细菌）是以二分裂（binary fission）这种无性繁殖的方式进行增殖分裂，繁衍后代。细菌没有核膜，只有一个大型的环状DNA分子。细菌细胞分裂时，DNA分子附着在细胞膜上并进行复制；然后随着细胞膜的延长，复制而成的两个DNA分子彼此分开；同时，细胞中部的细胞膜和细胞壁向内生长，形成隔膜，将细胞质分成两半，形成两个大小相近的子细胞，这个过程就是细菌的二分裂。

第五节　细胞生物学与医学

一、疾病的本质是机体细胞与分子发生紊乱

医学与细胞生物学的关系十分紧密。医学是以人体为对象，研究疾病的发生、发展、诊断、治疗、预防及转归机制的一门学科。而细胞生物学是以细胞为对象，在细胞、亚细胞和分子水平研究生命规律的科学。现代医学研究经常要借助细胞生物学、分子生物学和遗传学等手段与方法，从细胞与分子水平探索疾病的发病机制以及诊断和治疗的可能性。细胞生物学的每一次重大发现都会推动医学取得革命性的进步，如人类基因组计划、基因诊断与基因治疗、基因工程药物，以及细胞与组织工程等。目前，基础医学中的多数学科（如解剖学与组织胚胎学、病理学与病理生理学、免疫学与微生物学，以及病原生物学等）

都会采用细胞分子生物学方法与技术，研究各类热点问题，而临床医学中涉及细胞生物学的内容就更为广泛。随着人类对疾病发生机制认识的不断深入，科学家们已经找到攻克某些过去难以诊断和治疗的疾病的新方法。100多年前德国著名病理学家Virchow的著名观点"所有疾病的病因均可从细胞分子生物学中找到答案"已被现代医学广泛认同。细胞生物学的研究成果已成为指导医学实验的重要依据。

镰状细胞贫血（sickle cell anemia）是临床上较为常见的一种血液病。研究表明，镰状细胞贫血的病因是由于编码血红蛋白β链第6位氨基酸的遗传密码子发生突变（谷氨酸→缬氨酸），导致红细胞携氧功能显著降低。患者的红细胞由双凹椭圆状变成镰刀状，这种红细胞变形性差，容易发生破裂而导致溶血。透明膜病（hyaline membrane disease）又称新生儿特发性呼吸窘迫综合征（neo-natal idiopathic respiratory distress syndrome），多见于早产儿，临床上以进行性呼吸困难为主要表现，病理改变以出现嗜伊红透明膜和肺不张为特征。患儿肺泡膜鞘磷脂和卵磷脂成分发生紊乱，两者比值超过正常范围，使肺泡产生凹陷和破裂，严重地影响了肺泡气体交换和正常通气。

重症肌无力（myasthenia gravis）是一种自身免疫性疾病，患者体内可产生一种自身抗体，这种抗体可以在神经肌肉接头处的突触后膜与乙酰胆碱受体（acetylcholine receptor）特异性结合，因而阻碍正常神经递质乙酰胆碱（acetylcholine，Ach）发挥作用。临床主要表现为部分或全身骨骼肌无力和易疲劳，活动后症状加重，严重者可伴有肌萎缩。临床治疗可采用胆碱酯酶抑制药，使胆碱能神经末梢释放的乙酰胆碱不被水解而积聚，或采用大剂量类固醇激素进行抗炎（抑制抗原抗体免疫反应）治疗，而达到救治目的。

肿瘤是严重危害人类健康的重大疾病。细胞可通过增殖与分裂产生新细胞，细胞周期是调节这一过程的重要步骤。细胞周期（cell cycle）是指一个细胞开始分裂到分裂结束，形成子细胞，再到下一次分裂开始所经历的整个过程。细胞周期受到多种因子的调节。现已明确，体内正常细胞在多种因子及微环境刺激下，脱离细胞周期的调控而导致细胞增殖失控是肿瘤发生的核心机制。肿瘤是一种多阶段进展性疾病，每一个阶段都与特定的分子、基因和细胞改变有关，这些改变可引起细胞周期调节紊乱，从而使细胞逃脱细胞周期的调控，产生恶性表型。原则上，如果没有持续的细胞增殖和细胞周期紊乱，肿瘤就不会发生。

同样，细胞器的结构与功能改变也是导致疾病发生的重要诱因。例如，缺氧可导致线粒体肿大、破裂，引发的疾病往往累及体内所有细胞，但主要表现在骨骼肌、心肌和大脑，分别被称为线粒体肌病、线粒体心肌病和线粒体脑病。研究表明，染色体的功能与细胞衰老关系密切。染色体末端有一种结构，称为端粒（telomere），它由DNA重复序列组成。这种结构与细胞的寿命息息相关。世界上首例克隆羊"多莉"在出生后不久即呈现出早老状态，其原因可能与体内端粒结构受损有关。内质网病变通常会影响蛋白质的合成和转运。在某些肝病患者的病理切片中，经常见到细胞镜下观呈气球样变，这是由于肝炎病毒、酒精、CCl_4等有害物质侵袭肝细胞后，造成内质网肿胀，形成典型的气球样变。溶酶体与细胞吞噬物的分解代谢有关，常被称为"清道夫"。进入细胞内的有害物质如果不能被溶酶体及时清除，则可造成严重后果。例如，采矿工人在作业过程中吸入的尘粒常含有大量二氧化硅（SiO_2）。SiO_2在肺泡内可形成矽酸分子。矽酸可破坏溶酶体膜，使大量水解酶外漏，进而导致细胞自溶死亡。死亡细胞残留的空洞可被纤维组织填充，久而久之便导致肺部广泛纤维化，使肺组织弹性降低，造成肺通气和换气功能严重障碍，称为硅沉着病，俗称矽肺。应用克矽平治疗，药物中的聚乙烯吡啶氧化物可有效结合矽酸，稳定溶酶体，从而达到治疗矽肺的目的。

细胞生物学领域的突破性进展同样可以促进医学的进步。胃溃疡是一种常见的消化系统疾病。工作压力增大、生活方式不健康等因素可导致胃酸分泌增加，破坏胃黏膜屏障，被视为导致胃溃疡的主要原因。1982 年，澳大利亚学者马歇尔（B. J. Marshall）和沃伦（R. Warren）发现，导致胃溃疡的"元凶"其实是一种细菌，称为幽门螺杆菌。寄生在胃部的幽门螺杆菌可侵入胃黏膜细胞内，造成黏膜屏障损害。研究显示，超过 90% 的十二指肠溃疡和 80% 的胃溃疡都是由幽门螺杆菌感染导致的。抗生素治疗能够根治胃溃疡等疾病。马歇尔和沃伦的发现，彻底改变了人们对消化性溃疡的认识，仅使用抗生素治疗就可使患者摆脱胃溃疡的困扰而显著改善患者的生活质量。马歇尔和沃伦的发现使胃溃疡从原先难治的慢性病变成了一种采用短疗程抗生素和抗酸药治疗就可治愈的疾病。

细胞生物学进展促成的医学上的进步往往都是革命性的。20 世纪 70 年代末，美国科学家佛契哥特（R. Furchgott）在研究神经递质乙酰胆碱（Ach）舒张血管、降低血压的作用机制时发现：给动物静脉注射 Ach 可引起其血压降低、血管舒张；但进行体外实验时发现，若将 Ach 直接加入剥去内皮层的血管培养液中，则血管不再舒张。这提示，内皮细胞中可能存在某种物质，该物质可介导 Ach 的舒血管作用。佛契哥特将这种物质命名为内皮（源性）舒血管因子（endothelium-derived relaxing factor，EDRF）。与此同时，另一位美国科学家穆拉德（F. Murad）通过研究发现，某些含硝基的药物发挥扩张血管作用同样需要依赖内皮细胞的存在，并且这些含硝基化合物的药物可能通过一氧化氮（nitric oxide，NO）增加血管平滑肌细胞内环磷酸鸟苷（cyclic guanosine monophosphate，cGMP）的含量。同时，EDRF 可提高血管平滑肌内 cGMP 的含量，起到扩张血管的作用。两项研究最终聚焦于同一分子，即 NO。1987 年，佛契哥特和伊格纳洛（Louis J. Ignarro）最终证明，EDRF 和 NO 实际上是同一种物质，通过上调 cGMP 水平达到扩张血管的作用。

NO 作为气体分子，可调节血管张力，促使血管扩张。这个观点一提出就引起了业界广泛关注，不仅改变了科学界的传统认识，即只有固体物质才能传递信号，还被 Science 杂志选为 1992 年度的"明星分子"。NO 在心血管系统中作为气体信号分子的相关研究，解释了百年来硝酸甘油治疗心绞痛但机制不明的困惑。佛契哥特、伊格纳洛和穆拉德因此共同获得 1998 年诺贝尔生理学或医学奖。

二、现代医学的几个热点问题及与细胞生物学的关系

（一）再生医学与干细胞

在机体遭受严重损伤后的康复过程中，受损组织和器官的功能能否重建仍然是生物学和临床医学面临的重大难题。据报道，全世界每年约有上千万人遭受各种形式的创伤，有数百万人因疾病康复过程中重要器官发生纤维化而导致功能丧失，有数十万人迫切希望进行各种器官移植。但令人遗憾的是，目前的组织器官修复无论是体表还是脏器，仍然停留在纤维化修复（即瘢痕愈合）的解剖修复层面上，距离生理性修复，即"再生出一个完整

的受损器官"的理想状态还相差甚远。作为一种替代治疗方法，器官移植尽管有显著的治疗作用，但仍然是一种有创和有代价的治疗方法。同时，由于受到供体器官短缺、伦理限制以及严重的免疫排斥等诸多方面的限制，所以器官移植也很难满足临床救治的需要。因此，如何借助现代科学技术的手段和方法使受损的组织器官获得完全再生，或在体外复制出所需要的组织或器官，进行替代治疗便成为细胞生物学、基础医学和临床医学关注的焦点，这不仅具有重要的科学价值，而且具有广阔的应用前景。在这种背景下，迫切需要一门新的学科作为支撑，以解决上述问题，再生医学（regenerative medicine）便应运而生。再生医学是通过研究机体的正常组织特征与功能、创伤修复与再生机制及干细胞分化机制，寻找有效的生物治疗方法，促进机体自我修复与组织再生，或构建新的组织与器官，以改善或恢复受损组织和器官功能的学科。具体而言，再生医学主要通过利用生命科学、材料科学、计算机科学和工程学等学科的原理与方法，研究和开发用于替代、修复、改善或再生人体各种组织器官的技术和产品，其技术和产品可用于因疾病、创伤、衰老或遗传因素而造成的组织器官缺损或功能障碍的再生治疗。

众所周知，通过骨髓移植可以治疗多种血液疾病。骨髓组织中含有造血干细胞（hematopoietic stem cell），将其输入患者体内后，可以帮助患者重建造血功能和免疫功能，达到治疗某些疾病的目的。研究发现，骨髓的再生能力超强，一只小鼠的骨髓细胞就足以再生成动物全身的血细胞。因此，人们将再生医学与细胞分化和干细胞联系起来。干细胞（stem cell）是指一类未分化的细胞，具有自我更新和多向分化潜能。在人体多种器官中，干细胞通常扮演"维修工"的角色。只要生命在延续，干细胞就可以不断地分化，以替代衰老和死亡的成体细胞。由干细胞分裂而形成的新细胞具有两种使命，即成为新的干细胞，或者分化成为具有不同功能的组织细胞，如肌细胞、红细胞和脑细胞等。干细胞具有两个明显的特征，即可以自我分裂、繁殖，保持未分化的特性；也可以被诱导成为具有特殊功能的细胞。某些器官（如骨髓和消化道）的干细胞本身就具有自我再生与分化的潜能，以满足机体的特殊需求。根据发育阶段，可将干细胞分为胚胎干细胞（embryonic stem cell）和成体干细胞（adult stem cell）两大类。前者来源于囊胚期内细胞团，具有发育全能性；后者存在于一种组织或器官中，具有自我更新的能力，并能分化成所来源组织的主要类型特化细胞，这类细胞的分化潜能与增殖能力因器官不同存在较大的差异。研究表明，某些体细胞即使分化成熟，经表观遗传重编程改造后，也能返回到分化初期的干细胞状态，成为所谓的诱导性多能干细胞（induced pluripotent stem cell，iPS cell）。成体干细胞以及诱导性多能干细胞是目前生物学的研究热点之一。利用细胞导入技术将具有分化潜能的干细胞植入病变组织或器官，以达到治疗疾病的目的，称为细胞治疗（cell therapy），这是再生医学的核心内容。

急性心肌梗死（acute myocardial infarction，AMI）是致死率极高的心血管疾病之一。诚然，及时进行药物治疗和血管成形术已经使 AMI 急性期患者死亡率明显降低，但大规模流行病学统计资料表明，无论是持续服药，还是使用植入型心律转复除颤器，1 年内死亡的病例仍高达 13%。因此，恢复期内如何改善心肌功能仍然是提高心肌梗死患者生存率的一项重要任务。近来发现，心脏组织内存在一类心肌干细胞，此类干细胞可以向成熟心肌细胞分化，采用这些细胞有望修补坏死心肌。但是，目前的难题之一是如何获得大量纯化的心肌干细胞。首例采用这种干细胞治疗急性心肌梗死的临床方案已于 2008 年获得批准，受治者是一位冠状动脉旁路移植术后仍反复出现左心功能衰竭的重症患者，其治疗结果还有待进一步科学评价。

（二）人类基因组计划与蛋白质组计划

研究表明，不仅遗传性疾病的发生与基因突变或缺失有关，而且许多非遗传性疾病（如肿瘤、高血压和糖尿病等）的发生也与基因结构和功能异常有关。因此，科学家们迫切需要了解人类基因组全序列，以破译人类的遗传信息。人类基因组计划（Human Genome Project，HGP）由美国科学家于 1985 年提出，于 1990 年正式启动，由美国、英国、法国、德国、日本和中国等多国科学家共同参与。这一计划旨在对人体 23 对染色体全部 DNA 的碱基对（3×10^9）构成的人类基因组进行精确测序，从而绘制人类基因组图谱，以辨识其载有的基因及其序列，达到破译人类遗传信息的最终目的。该计划在 2005 年绘制出的人类基因图谱解开了人体内约 10 万个基因的密码。迄今，由人类基因组计划发现和定位的功能基因多达 26 000 条（尚无精确数字），其中有 42% 的基因功能尚未明确，发现并了解这些功能基因的作用对于基因功能和新药的研发与筛选都具有重要的意义。人类基因组计划的重要贡献主要包括以下几方面。

1. 疾病基因的定位克隆　人类基因组计划的直接动因是要解决包括肿瘤在内的人类疾病的分子遗传学问题。6000 多个单基因遗传病和多种危害人类健康的多基因遗传病的致病基因及相关基因是人类基因中结构和功能完整性至关重要的组成部分。因此，疾病基因的克隆在 HGP 中占据着非常重要的位置，也是该计划实施以来成果最显著的部分。

在遗传和物理作图工作的带动下，疾病基因的定位、克隆和鉴定研究已形成了从表位→蛋白质→基因的传统途径向反求遗传学或定位克隆转变的全新思路。随着人类基因组图谱的绘制，3000 多个人类基因已被精确地定位于染色体的各个区域。今后，一旦某个疾病位点被定位，就可以从局部基因图中遴选出相关基因进行分析，这种策略称为定位候选克隆，将显著提高疾病基因的检出率。

2. 多基因遗传病的分子研究　目前，多基因遗传病是人类疾病的基因组学研究中的一个难点。其基本遗传规律遵循孟德尔遗传定律，但还受环境因素的影响，因此难以通过一般的家系遗传连锁分析取得突破。该领域的研究需要在人群和遗传标记的选择、数学模型的建立以及统计方法的改进等方面进一步努力。

对于单基因遗传病，采用连锁分析和基因定位方法已经取得了一定的进展。但对于复杂性疾病，采用连锁分析有很大的局限性。复杂性疾病是由多基因和环境因素共同导致的疾病，而采用全基因组关联分析（genome-wide association study，GWAS）有望解决这一问题。全基因组关联分析的原理是应用人类基因组中数以百万计的单核苷酸多态性（single nucleotide polymorphism，SNP）为标记，在全基因组范围内筛选出与疾病相关的序列变异，比较发病者与对照组之间每个变异频率的差异。通过计算变异与疾病的关联强度，并筛选出最相关的变异进行验证，从而发现与复杂性疾病相关的遗传因素。近年来，随着人类基因组计划的实施以及基因芯片技术的发展，通过全基因组关联分析已发现并鉴定出大量与人类复杂性疾病关联的遗传变异，为进一步了解与复杂性疾病相关的遗传因素提供了重要的线索。也有学者提出用比较基因表达谱的方法来识别疾病状态下基因的激活或受抑制状态，以期从根本上解释疾病发生与发展的细胞和分子基础。癌症基因组解剖计划（Cancer Genome Anatomy Project，CGAP）就是这方面的尝试。

3. 功能缺失突变的研究 确定某一基因功能最有效的方法，就是观察该基因表达被阻断后在细胞和整体水平产生的表型（phenotype）变化。基因敲除（gene knock-out）又称基因剔除（knock-out），是将细胞基因组中某基因去除或使基因失去活性的技术，用以观察生物或细胞的表型变化，是研究基因功能的重要手段。目前已经对酵母、线虫和果蝇展开了大规模功能基因组学研究，其中进展最快的是酵母。随着线虫和果蝇基因组测序的完成，某些突变株系和技术体系的构建不仅能够成为研究单基因功能的有效手段，而且为研究基因冗余和基因间的相互作用等问题奠定了基础。例如，正是在线虫体内发现了细胞死亡相关基因，才使得人们相继克隆出人类凋亡基因，并将其应用于某些以细胞凋亡为主要特征的神经退行性变性疾病（如阿尔茨海默病）研究中，使研究水平不断深入。小鼠作为哺乳动物中的代表性模式生物（model organism），在功能基因组学研究中具有特殊的地位。同源重组技术可以破坏小鼠的任何一个基因，但这种方法的缺点是费用高。利用点突变、缺失突变和插入突变造成的随机突变是另一种可能的途径。对于人体细胞而言，建立反义寡核苷酸（antisense oligonucleotide）和小分子 RNA 干扰（RNA interference）技术阻断基因表达的体系可能更加合适。蛋白质水平的敲除技术也许是研究基因功能最有力的手段。利用组合化学方法有望生产出化学剔除试剂，用于激活或抑制各种蛋白质。

人类基因结构异常复杂，表达方式千变万化。要明确全部基因的功能，还需要更庞大的计划，即后基因组计划（post genome project），是指基因组全序列测定完成后，对基因组的结构、表达、修饰和功能等进行研究的计划，包括功能基因组、结构基因组和蛋白质组等研究。蛋白质组学的目标是研究细胞或生物体产生的全部蛋白质的组成、结构、修饰、功能及相互作用，这些信息的获得对于基因工程药物生产、大规模开发抗肿瘤药物，发现所有基因编码蛋白质的结构与功能具有划时代的意义。与人类基因组计划相比，蛋白质组计划更为复杂，投入的人力、物力和财力相对更大。随着人类基因组计划的开展，基因芯片技术逐渐兴起。基因芯片（gene chip）技术的目的是将功能相同的基因分类固化到载物上，通过与标记的样品进行杂交，就可在高通量条件下对大量基因序列进行快速检测和分析。基因芯片技术对疾病的诊断有重要的指导作用。

（三）基因诊断

生物体的生理与病理特征都是由其所含的遗传基因所决定的。因此，如果由于感染某种病原体而引发疾病，就可通过检测该病原体的标志基因（特有的核苷酸序列）加以诊断。这就是基因诊断（gene diagnosis）的理论基础。目前，基因诊断主要包括 3 种方法：①核酸杂交，其原理是利用 DNA 双链互补原则，将疑为某种病原体感染的 DNA 片段以同位素（或非同位素发光物质）进行标记并制成探针（probe），然后将此探针与人体组织或细胞标本中提取的 DNA 相互作用，这一过程称为杂交（hybridization）。如果样本中含有病原体基因，则可与探针杂交。同时，探针所标记的同位素可以产生放射性信号，将阳性结果清楚地显示出来。②聚合酶链反应（polymerase chain reaction，PCR），其原理是利用一段 DNA 为模板，在 DNA 聚合酶和核苷酸底物的共同参与下，将该段 DNA 扩增至足够数量，以便进行结构和功能分析。PCR 对于临床快速诊断细菌感染等疾病具有极为重要的意义。③基因测序，是将体内某些病变基因分离出来，进行 DNA 片段的碱基序列分析，以确定目的基因是否有突变以及突变点的位置，通过与基因文库等数据进行比较，从而获得致病基因信息。

基因诊断的应用范围已经从传统意义上的遗传病和感染性疾病检测向肿瘤等恶性疾病拓展。众所周知，肿瘤的治疗效果在很大程度上取决于早期诊断。绝大多数肿瘤学家认为，如果在患者出现症状前就能诊断肿瘤，那么比任何新药都能有效地挽救更多患者的生命。肿瘤是由多基因参与、具有多阶段变化的复杂病理过程。多种癌基因的激活和抑癌基因的失活可造成细胞生长调节失控。利用 PCR 能够对失调的癌变细胞进行早期诊断。

在医学实践中，对疾病及时进行分类与分型关系到临床治疗效果。例如，根据机体对胰岛素的反应不同，可将糖尿病分为 1 型糖尿病和 2 型糖尿病。前者为胰岛素依赖型，后者常表现为胰岛素抵抗。因此，对于不同类型糖尿病患者的治疗方案截然不同。青少年中的成人发病型糖尿病（maturity onset diabetes of the young，MODY）是一种特殊类型糖尿病，是由 β 细胞功能遗传性缺陷所致的单基因病，为常染色体显性遗传，属于胰岛素依赖的早发型糖尿病。虽然患者对非胰岛素药物治疗反应良好，但此型糖尿病诊断困难，常贻误治疗时机。过去诊断 MODY 主要通过基因序列分析，不仅费时、费力，而且假阳性率较高。全基因组关联分析（GWAS）的问世和应用，使这一问题很快得到了解决。高通量分析数据显示，MODY 主要是由致病基因 *HNF1A* 突变所致，常伴有 C- 反应蛋白（C-reactive protein）水平降低，这是因为突变的 *HNF1A* 不能有效结合到 C- 反应蛋白启动子区域而造成 C- 反应蛋白合成受阻。因此，通过这种关联分析，可以将 C- 反应蛋白作为诊断 *HNF1A*-MODY 的标志物。结合患者的发病年龄和临床表现，约有 90% 的病例可以确诊。

（四）基因治疗

基因治疗（gene therapy）是将功能正常的基因导入那些基因结构或功能发生紊乱的细胞内，通过基因置换、基因修正、基因修饰、基因失活、引入新基因等手段，以修正或补偿因基因缺陷和异常导致疾病的治疗方法。

首次尝试以基因疗法治疗肿瘤的学者是美国外科医生罗森伯格（S. Rosenberg），他将对肿瘤细胞具有高度杀伤作用的白细胞介素 -2（interleukin-2，IL-2）和肿瘤坏死因子（tumor necrosis factor，TNF）编码基因连接到逆转录病毒载体上，再将其导入肿瘤浸润淋巴细胞（tumor infiltrating lymphocyte，TIL）内。由于 TIL 具有特异性浸润肿瘤细胞的功能，所以将含有 *TNF* 和 *IL-2* 基因的 TIL 回输到晚期恶性黑色素瘤患者体内后，肿瘤浸润淋巴细胞大量聚集在肿瘤组织内并不断地释放 TNF 和 IL-2，从而有效地杀死肿瘤细胞，使得该实验取得了一定疗效。由于在临床治疗晚期恶性黑色素瘤患者过程中显示出良好的效果，所以继手术治疗、放射治疗（简称放疗）和化学治疗（简称化疗）后，基因治疗被称为治疗肿瘤的第四种策略。

重症联合免疫缺陷病（severe combined immunodeficiency，SCID）是由于先天性腺苷脱氨酶（adenosine deaminase，ADA）基因缺乏而导致的重症免疫缺陷病，通常认为 SCID 患儿的寿命不会超过 5 岁。1990 年，美国医生安德森（W.F. Anderson）等利用基因治疗方法将腺苷酸脱氨酶植入患有 SCID 的 4 岁美国女孩西尔瓦（A. Silva）体内，成功地检测到重组 ADA 基因的表达与功能。该研究获得了巨大的成功，也挽救女童的小生命。

迄今，基因治疗经过 30 多年的发展，取得过很大的成功，获得批准的基因治疗临床试验呈指数增长。有资料显示，全球被批准的基因治疗临床试验方案在 1989—1999 年的 10 年间为 116 例。而 1999—2011 年，这一数字猛增到 1537 例（表 1-6），发展态势强劲。

表 1-6　1999—2011 年全球基因治疗临床试验

临床分期	例数	占比（%）
临床Ⅰ期	928	60.4
临床Ⅰ／Ⅱ期	288	18.7
临床Ⅱ−1 期	254	16.5
临床Ⅱ／Ⅲ期	13	0.8
临床Ⅲ期	52	3.4
个案病例	2	0.1

但是，基因治疗也经历过失败。1999 年 9 月 17 日，18 岁美国少年基辛格（Jesse Gelsinger）（因 X 染色体基因突变而罹患罕见肝病的患者）在接受腺病毒为载体的基因治疗后第 4 天突然死于多器官功能衰竭。由于基因治疗中采用了腺病毒，故科学家们怀疑该患者真正的死因是病毒导致机体产生了严重的免疫反应，这也是 5000 多例临床试验受试者中因基因治疗而死亡的唯一案例。

之后，科学家们不断总结经验，陆续开发出一系列安全性较高的治疗方案。目前，与基因治疗相关的临床试验涉及呼吸系统、消化系统、心血管系统和神经系统的多种疾病，研究病种也从起初单基因病所致的遗传病向肿瘤、感染和艾滋病等复杂性疾病拓展。中国也批准了 2 个临床试验方案，分别是治疗神经胶质瘤和鼻咽癌的相关研究。目前，科学家还在努力寻找更多可供治疗的基因以及更有效的基因导入方法，并逐步探索能够"人工"控制导入基因在体内的表达，有望使基因治疗发挥更大的作用。

小　结

细胞是组成生物体的基本结构和功能单位，是生命活动的基础。由单细胞组成的生物体称为单细胞生物，由多细胞组成的生物体称为多细胞生物。细胞生物学是研究细胞结构与功能的科学，通过在细胞水平、亚细胞水平以及分子水平探讨细胞发生、分化、增殖、分裂和死亡等现象及其本质，旨在揭示生命发生与发展的规律。

细胞生物学发展分为 4 个阶段。第一个阶段是以细胞发现为代表。细胞学说认为，所有生命体都是由细胞构成的；细胞是构成生命体的基本单位；所有细胞均来源于已有细胞。第二阶段和第三阶段，科学家们分别借助高分辨显微镜和电子显微镜发现了多种细胞器和细胞超微结构，但研究仍主要停留在细胞形态学观察与描述阶段。20 世纪 60 年代后，借助于分子生物学技术与基因技术的革命性进展，细胞生物学发展进入到第四个阶段，逐步由单纯形态学观察向形态与功能相结合的层面迈进，并由此诞生了一个新的学科——细胞分子生物学。

　　细胞分为原核细胞与真核细胞。原核细胞的代表是细菌，支原体被认为是最小的原核细胞。原核细胞无细胞核，也缺乏细胞器，其遗传物质 DNA 储存在细胞内的拟核区域。细菌以二分裂方式增殖。真核细胞具有 1 个甚至多个细胞核，其体积较原核细胞大。除细胞膜外，真核细胞还具有由生物膜包绕的多种亚细胞结构，称为细胞器。包绕细胞器的生物膜又称内膜。另外，真核细胞还具有复杂的遗传信息存储与加工体系；具有蛋白质、脂质和糖类等生物大分子合成及运输体系；具有复杂的细胞信号转导与应答体系；具有精细的自我调节功能。真核细胞的分裂方式有无丝分裂、有丝分裂和减数分裂三种。

（安　威）

 习题

一、单项选择题

1. 关于细胞的概念，近年来比较普遍的提法是：细胞是有机体的
　　A. 形态结构的基本单位　　　　　　B. 形态与生理的基本单位
　　C. 结构与功能的基本单位　　　　　D. 生命活动的基本单位
2. 有机体的生命活动能够正常进行是由于
　　A. 新老细胞不断交替　　　　　　　B. 衰老细胞不断死亡
　　C. 衰老细胞全部死亡　　　　　　　D. 新细胞无限增殖

二、简答题

1. 为什么说病毒是非细胞形态的生命体？
2. 举例说明细胞生物学与医学的密切关系。
3. 说明原核细胞的特点。
4. 试述细胞生物学的概念和研究内容。

第二章　细胞膜与物质的跨膜运输

第二章数字资源

所有细胞表面都被一层膜性结构所包被，这层膜结构称为细胞膜（cell membrane），又称质膜（plasma membrane）。细胞膜通过分隔细胞与外环境来维持细胞的相对稳定。此外，在真核细胞内还有大量的膜性结构，它们组成了具有各种特定功能的细胞器，如内质网、高尔基体、溶酶体和线粒体等。这些围成细胞器的膜称为内膜（endomembrane）。内膜与细胞膜的化学组成相似，基本结构也大致相同，统称为生物膜（biomembrane）。

细胞膜不仅是保护细胞的屏障，也是细胞与外环境之间进行物质交换以及能量和信息传递的门户，与细胞起源、细胞生长与分化、细胞识别、物质运输、信息传递、代谢调控、能量转换和神经传导等均有密切的关系，对细胞生长、分化和功能的发挥具有重要作用。细胞膜组成与结构的改变可能导致代谢病、神经退行性病变以及肿瘤等多种疾病的发生。

第一节　细胞膜的化学组成与生物学特性

由于光学显微镜无法观察到细胞膜的细微结构，所以最初细胞膜的存在与化学组成的确定是通过细胞膜生理功能实验进行的推理。1855 年，德国植物学家内格里（C. Nägeli）发现，色素进入完整细胞的速度比进入受损伤细胞的速度慢，因此推测在细胞外围存在一个可以阻碍色素进入的边界，并将其称为膜。19 世纪末，英国科学家欧弗顿（E. Overton）将细胞放置在油水混合液中一段时间后发现，溶液中油的浓度降低了，由此推断有一部分油渗透进入了细胞。根据同性相融的原理，Overton 提出细胞膜是脂肪栅的观点，认为细胞膜是由脂质构成的，自此加速了人们对细胞膜组成、结构和功能的认识。

目前发现，细胞膜是由脂质和蛋白质以非共价键结合形成的一种薄层膜结构。其中，双层磷脂分子构成了细胞膜的骨架结构，形成细胞表面的一道疏水屏障，可防止水溶性物质随意进出细胞；而蛋白质是细胞膜各种特异性功能的主要执行者，蛋白质分子通过贯穿、锚定等方式镶嵌在细胞的双层脂膜上。除了脂质和蛋白质外，细胞膜内还有少量糖类通过共价键与膜上的脂质或蛋白质分子结合。各类物质因其各自不同的分子特性，在细胞膜结构中发挥着不同的作用。

一、细胞膜的化学组成

细胞膜的化学组成基本相同，主要由脂质、蛋白质和糖类三种组分构成。一般而言，脂质约占膜成分的 50%，蛋白质约占 40%，糖类约占 10%。实际上，细胞膜化学成分的比例因细胞种类和功能的不同而有很大的差别。通常认为，膜成分中蛋白质含量越多，膜的功能越复杂，细胞的代谢和通信越活跃。

（一）膜脂构成细胞膜的基本骨架

膜脂是细胞膜基本结构的重要成分，主要包括磷脂、胆固醇和糖脂三种类型。它们的分子中都同时包含疏水和亲水的区域和基团，具有两亲性的特点。

1. 磷脂　磷脂（phospholipid）是一类含有磷酸的脂质，是构成生物膜的重要组分，占整个膜脂分子总量的一半以上。根据其分子组成，磷脂可分为甘油磷脂（glycerophosphatide）与鞘磷脂（sphingomyelin）两类，二者分别以甘油和鞘氨醇作为分子骨架。真核细胞的膜磷脂主要有 4 种：①磷脂酰胆碱（phosphatidylcholine，PC），又称卵磷脂（图 2-1）；②磷脂酰乙醇胺（phosphatidylethanolamine，PE），属于缩醛磷脂；③磷脂酰丝氨酸（phosphatidylserine，PS）；④鞘磷脂，又称神经鞘磷脂。前三者均属于甘油磷脂。而鞘磷脂与甘油磷脂在结构上最重要的差别是以鞘氨醇替代甘油，其余骨架部分与甘油磷脂相同（图 2-2）。

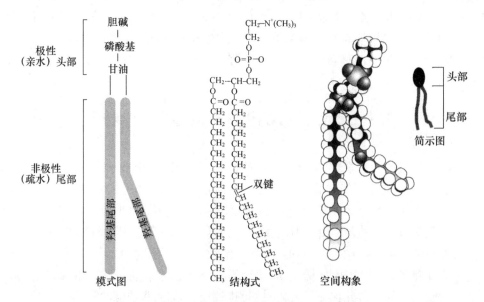

图 2-1　磷脂酰胆碱的分子结构式及空间结构模型

磷脂分子属于两亲性分子，其极性区和非极性区分别以磷脂酰基和脂酰基为代表，两部分通过甘油或鞘氨醇（sphingosine）基团结合而成。磷脂酰基包含磷酸基团，因而极性很强，具有亲水性，在结构上相对较短，一般称为头部，即为磷脂分子的亲水性头部；脂肪酰基部分由两条碳氢链构成，呈非极性，具有疏水性，在结构上相对较长，一般称为尾部，即磷脂分子的疏水尾部。

不同物种间细胞膜磷脂的组成千差万别。例如，磷脂酰胆碱在鼠肝细胞膜内含量最多，在菠菜细胞膜和人类神经鞘膜中占第二位，而大肠埃希菌细胞膜内则不含有磷脂酰胆碱成分。

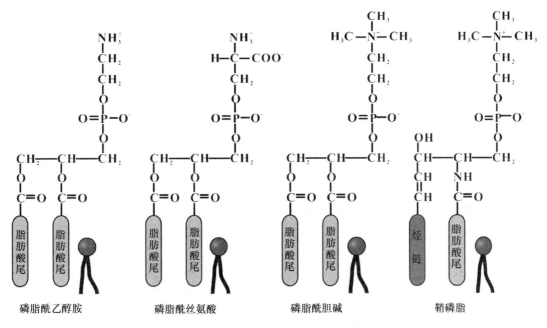

图 2-2　细胞膜中主要的磷脂分子结构

2. 胆固醇　胆固醇（cholesterol）是组成细胞膜的另一种重要脂质。动物细胞的细胞膜内胆固醇含量占膜脂的 30% ~ 50%，植物细胞的细胞膜内胆固醇含量较低，有的甚至只占膜脂的 2%。胆固醇分子较小，主体由 4 个稠合在一起的甾环构成。胆固醇也属于两亲性分子，其极性部分是连接于甾环上的羟基，非极性部分是甾环以及连接在甾环另一端的一条由 8 个碳原子构成的短烃链（图 2-3）。由于胆固醇的亲水基团较小，疏水性太强，所以其自身不能单独形成脂质双分子层，不能构成细胞膜的主体结构，而是散布在磷脂分子之间。胆固醇极性头部的羟基基团紧邻磷脂的头部极性区，疏水性平面甾环结构则与磷脂分子靠近头部的烃链相互作用。胆固醇与磷脂分子间的相互作用对维持细胞膜的稳定性和调节细胞膜的流动性至关重要。由于具有刚性的甾环结构能够影响磷脂分子中脂肪酸链的运动，所以适量的胆固醇能够发挥稳定细胞膜和维护细胞完整性的作用。例如，某种仓鼠卵巢细胞突变株（M19）由于细胞不能合成胆固醇，在体外培养时必须在培养基中添加胆固醇，否则细胞会很快解体。然而，胆固醇含量并非越多越好，胆固醇含量过多可限制磷

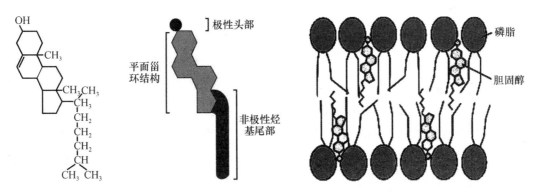

图 2-3　胆固醇分子的结构式及其在膜脂双分子层中与磷脂分子的关系

脂分子疏水性脂肪酸链的运动，致使细胞膜流动性降低。

3. 糖脂　糖脂（glycolipid）也是构成细胞膜的重要成分，主要位于细胞膜的非胞质面。虽然糖脂含量仅占膜脂总量的 5% 左右，但其具有重要作用。糖脂分子由脂质和寡糖构成，具有两亲性。动物细胞膜内的糖脂几乎都是鞘氨醇的衍生物，结构与鞘磷脂相似，称为鞘糖脂。糖脂的极性头部可由 1 ~ 15 个糖基（如葡萄糖或半乳糖等）组成，脂肪酸链和鞘氨醇的碳氢链则构成其疏水尾部（图 2-4）。最简单的糖脂是脑苷脂，由葡萄糖或半乳糖与鞘氨醇及含有 18 个碳原子的油酸组成。神经节苷脂（ganglioside）是神经细胞膜的特征性组分，是结构组成最复杂的糖脂，其头部除含有葡萄糖和半乳糖外，还含有一个或多个带负电荷的唾液酸残基，即 N- 乙酰神经氨酸（N-acetylneuraminic acid，NANA）。神经节苷脂的部分糖基突出细胞表面，是某些细胞外信号分子的受体。例如，破伤风毒素、霍乱毒素、5- 羟色胺等的受体就是细胞膜上不同的神经节苷脂。

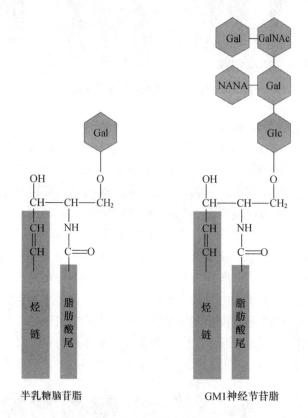

半乳糖脑苷脂　　　　　　　　GM1神经节苷脂

图 2-4　糖脂的化学结构

（二）膜蛋白

对于细胞膜而言，双层脂质分子只是提供了一个结构基础，而细胞膜的功能主要是由膜蛋白决定的。膜蛋白是构成细胞膜的重要组分，约占 40%。不同种类的细胞，膜蛋白的含量及类型有很大的差异，这与细胞膜功能的复杂程度相关。不同的细胞膜蛋白具有不同的功能，有的膜蛋白是转运蛋白，负责转运特定物质（包括各种分子或离子等）进出细胞；有的膜蛋白是连接蛋白，负责连接相邻细胞或细胞与细胞外基质；有的膜蛋白是受体，负责接收周围环境中各种化学信号，并将其转导至细胞内而引起相应的反应；有的膜蛋白是结合于细胞膜上的酶，负责催化相关的生化反应（图 2-5）。

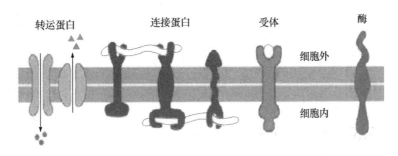

图 2-5 膜蛋白功能示意图

由于膜蛋白的分离、纯化和结构分析较为困难，特别是跨膜蛋白，不易纯化，而且纯化后通常会失去其正常的蛋白质空间构象，即使利用基因工程手段可表达膜蛋白，也难以使之形成晶体，因而多数膜蛋白的结构仍不明确。

基于目前对细胞膜蛋白的认识，可以根据膜蛋白与脂质双分子层结合方式的不同，将其分为三种类型：跨膜蛋白、外周膜蛋白和脂锚定蛋白（图 2-6）。其中，膜蛋白总量的 70% ~ 80% 为跨膜蛋白。

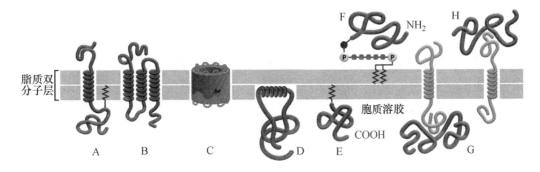

图 2-6 膜蛋白与脂质双分子层的结合方式

1. 跨膜蛋白 跨膜蛋白（transmembrane protein）即穿膜蛋白，又称整合膜蛋白（integral membrane protein）、内在膜蛋白（intrinsic membrane protein）或镶嵌蛋白质（mosaic protein）。通常，跨膜蛋白也具有两亲性，由极性氨基酸聚集形成的亲水区段暴露于膜两侧；而由非极性氨基酸聚集形成的疏水区段则与脂质双分子层的疏水尾部相互作用，位于脂质双分子层内部。在脂质双分子层（脂双层）的疏水区段，肽键与肽键之间易于形成氢键，α- 螺旋结构正好使这种氢键的合力达到最大。因此，绝大多数跨膜蛋白在脂双层中都呈 α- 螺旋结构。跨膜蛋白可以单个 α- 螺旋穿过脂质双分子层一次（图 2-6A）或以多个 α- 螺旋折返穿越脂双层数次（图 2-6B）。

目前已通过分子生物学方法揭示了许多跨膜蛋白的氨基酸序列特点和规律，通过软件就可以根据蛋白质的一级结构预测其穿膜结构域，便于跨膜蛋白的鉴定和功能研究。简单而言，如果某跨膜蛋白的一个片段含有高度疏水的氨基酸达 20 ~ 30 个，就可以推测其是

以 α- 螺旋结构穿越脂双层的。

大多数跨膜蛋白的穿膜区域是 α- 螺旋结构，也有以 β- 片层构象穿膜的跨膜蛋白，其通过多个 β- 片层结构在脂质双分子层中围成的桶状结构称为 β 桶（β-barrel）（图 2-6C）。真核细胞线粒体外膜和大肠埃希菌细胞膜的孔蛋白（porin）就是典型的 β 桶。孔蛋白通道能够允许分子量小于 5000 Da 的水溶性物质通过。

跨膜蛋白与膜脂双分子层的结合较为牢固，只有用除垢剂或有机溶剂使细胞膜崩解，才能将其分离。跨膜蛋白的生物学功能极为复杂，它们不仅是组成生物膜的重要物质，对维持细胞膜的完整性具有重要作用，还与物质运输、能量转化、信息传递、神经传导以及免疫反应等功能有着密切的关系。

2. 外周膜蛋白　外周膜蛋白（peripheral membrane protein）又称外在膜蛋白（extrinsic membrane protein），主要分布于细胞膜的内外表面，占膜蛋白总量的 20% ~ 30%。外周膜蛋白是一种不嵌入脂双层内部的蛋白质，与细胞膜脂质双分子层结合较松散。外周膜蛋白大多数为水溶性蛋白，通过静电引力、离子键、氢键等，或者附着在细胞膜脂质分子的极性头部区域，或者附着于跨膜蛋白的亲水区一侧，间接与膜脂分子结合（图 2-6G、H）。另外，还有一些外周膜蛋白可通过暴露于蛋白质表面的 α- 螺旋结构的疏水面与脂双层的疏水胞质面相互作用而与膜结合（图 2-6D）。外周膜蛋白在细胞膜上的分布呈动态变化，随着细胞状态和外界环境的变化以及细胞的生理需求变化而随时被募集到细胞膜上或者从膜上脱离。

由于外周膜蛋白与膜的结合力较弱，所以用比较温和的方法，如改变溶液的离子浓度或 pH，干扰蛋白质之间的相互作用，即可在不破坏膜的基本结构的前提下，将其从膜上分离下来。

外周膜蛋白具有多种功能，研究较多的是附着于细胞膜胞质侧的外周膜蛋白，如血影蛋白和锚蛋白。血影蛋白是红细胞膜的主要成分之一。红细胞膜上的锚蛋白将血影蛋白锚定在细胞膜上，在红细胞膜内表面形成一个纤维网状结构，即细胞膜内骨架。锚蛋白将跨膜蛋白紧密固定在细胞膜上，同时为红细胞膜提供机械支撑，从而维持红细胞的双凹外形，并在红细胞穿越毛细血管时抵抗来自血管的挤压力，在维持红细胞膜的完整性方面具有重要作用。另外，有的外周膜蛋白还与细胞的胞吞作用、细胞变形运动以及细胞分裂时细胞膜的缢缩有关；有的外周膜蛋白与细胞外基质相连，还可作为酶或参与信号转导等。

3. 脂锚定蛋白　脂锚定蛋白（lipid-anchored protein）又称脂连接蛋白。这类膜蛋白可位于膜两侧，很像外周膜蛋白，但与外周膜蛋白不同的是，脂锚定蛋白以共价键与脂质双分子层内的脂质分子结合。通常，位于胞质侧的脂锚定蛋白直接与胞质面单层脂质上的脂肪酸链共价结合（图 2-6E），位于细胞膜外表面的脂锚定蛋白通过寡糖链与磷脂酰肌醇共价结合，即通过蛋白质的 C 端与寡糖链共价结合，从而与非胞质面单层脂质中的磷脂酰肌醇结合，所以后者又称为糖基磷脂酰肌醇锚定蛋白（glycosylphosphatidylinositol-anchored protein），即 GPI 锚定蛋白（图 2-6F）。由于与细胞膜的结合非常紧密，所以需要使用特异的磷脂酰肌醇酶——磷脂酶 C，将磷脂酰肌醇水解后，才能将 GPI 分离提取出来。

GPI 锚定蛋白的分布极广，目前已被确定的有 100 多种，包括膜受体、免疫球蛋白、细胞黏附分子和多种水解酶等。脂锚定蛋白与跨膜蛋白相比，理论上运动能力更强，更容易进行侧向移动，有利于与其他胞外信号分子更快地结合和反应。

（三）膜糖

真核细胞表面覆盖着大量糖类分子，不同细胞类型含有的糖类分子的种类和数量有所不同。细胞膜内的糖类分子并不独立存在，它们或与脂质结合形成糖脂，或与膜蛋白结合形成糖蛋白，且只能结合在细胞表面。膜糖类分子绝大部分是以低聚糖或多聚糖链形式与膜蛋白共价结合而形成糖蛋白。其中，发生在膜蛋白的天冬酰胺残基侧链氮原子上的糖基化过程称为 N- 糖基化；发生在膜蛋白的丝氨酸或苏氨酸残基侧链羟基上的糖基化过程称为 O- 糖基化，并且经常有数个位点同时发生糖基化。大部分暴露于细胞表面的糖蛋白常带有多个寡糖链，而位于脂质双分子层外层中的糖脂分子只带 1 个寡糖侧链。无论是糖蛋白还是糖脂，其糖链都朝向细胞表面。

尽管自然界中存在的单糖及其衍生物达 200 多种，然而动物细胞膜内含有的糖类分子主要有 7 种，包括 D- 半乳糖、D- 葡萄糖、D- 甘露糖、L- 岩藻糖、N- 乙酰半乳糖胺、N- 乙酰葡糖胺和唾液酸。其中，唾液酸常见于糖链末端，真核细胞表面负电荷的形成与唾液酸有关。

由于寡糖链中单糖的种类、数量、排列顺序及其有无分支等不同，低聚糖或多聚糖链可以形成千变万化的组合。膜糖链的不同可能决定细胞的不同类型，并影响细胞的某些重要功能，如抗原类型的不同主要是由细胞表面的寡糖链决定的。研究发现，红细胞表面不同的抗原是决定血型的关键，而人类 ABO 血型系统中不同血型抗原的差别仅在于糖链中一个糖基的不同。

用重金属染料钌红染色后，电镜下可见大多数真核细胞膜外含有一个边界不清的厚度为 10 ～ 20 nm 的结构，这是细胞表面富含糖类的周缘区，称为细胞外被（cell coat）或糖萼（glycocalyx）。传统的细胞外被主要是与糖蛋白和糖脂相连的寡糖链，以及被细胞分泌出来后吸附于细胞表面的糖蛋白与蛋白聚糖的多糖链，这些大分子是细胞外基质成分，所以细胞膜的边缘与细胞外基质的界限是很难区分的。现在的细胞外被一般是指与细胞膜相连的糖类物质，即细胞膜内的糖蛋白和糖脂向外表面延伸出的寡糖链部分。因此，细胞外被实质上是细胞膜的一部分，那些不与细胞膜相连的细胞外覆盖物则称为细胞外基质（图 2-7）。

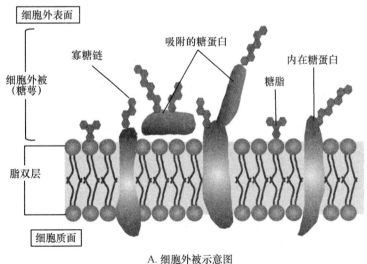
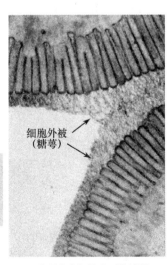

A. 细胞外被示意图　　　　　　　　　　　　　B. 小肠上皮细胞表面的糖萼

图 2-7　细胞外被（糖萼）

细胞外被的主要功能是保护细胞免受各种物理、化学性损伤，如消化道、呼吸道等上皮细胞的细胞外被有助于润滑、防止机械损伤；保护黏膜上皮免受消化酶的消化。细胞外被的糖链末端富含带有负电荷的唾液酸，有助于捕获 Na^+、Ca^{2+} 等阳离子以及吸引大量水分子，使细胞周围建立并保持水盐平衡的微环境。与糖蛋白和糖脂相连的寡糖链的功能尚未明确，但已发现它们与分子识别、黏附、迁移等细胞活动有关。

二、细胞膜的生物学特性

细胞膜主要由脂质双分子层和以不同方式与脂质双分子层结合的蛋白质构成。细胞膜具有两个明显的特性，即流动性和不对称性。

（一）细胞膜的流动性是膜功能活动的保证

细胞膜是一种动态结构，膜流动性（membrane fluidity）是由膜脂的流动性和膜蛋白的运动性所决定的。细胞膜的各种重要功能都与膜的流动性密切相关。适当的流动性对细胞膜行使正常的生理功能是一个极为重要的条件。因此，膜流动性研究已经成为细胞膜生物学研究的主要内容之一。

1. 膜脂的流动性　研究显示，在正常生理温度下，脂质双分子层的组分既有固体分子排列的有序性，又具有液体的流动性，是兼有两种特性的中间状态，即液晶态。当温度下降到一定程度（＜25℃）并到达某一点时，膜脂可从流动的液晶态转变为晶态，或称为凝胶态；当温度升高时，晶态也可熔融为液晶态。这种液晶态与晶态之间的变化称为相变（phase transition），引起相变的温度即为膜的相变温度（phase transition temperature）。组成成分不同的膜脂具有不同的相变温度，即使在同一细胞膜的不同区域也是如此。在相同温度条件下，不同区域膜脂的状态可能不同，有的脂类分子处于晶态，有的则可能处于液晶态。不同流动状态的微区，是细胞膜执行各种生理功能的保证。许多基本的细胞生命活动，包括细胞运动、物质转运以及细胞生长、分裂等，都取决于膜组分的运动。

应用现代物理学技术和方法研究膜脂分子在细胞膜上的运动可发现，在高于相变温度的环境下，脂质分子的运动方式可归纳为以下四种（图 2-8）。

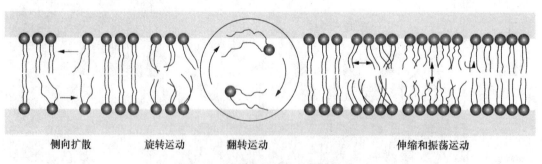

| 侧向扩散 | 旋转运动 | 翻转运动 | 伸缩和振荡运动 |

图 2-8　脂质分子的四种运动方式

（1）侧向扩散（lateral diffusion）：在脂质双分子层的单分子层内，脂质分子沿膜平面侧向与相邻分子快速交换位置。侧向扩散是膜脂分子的主要运动方式。实验表明，在30℃条件下，脂双层中脂质分子的侧向扩散系数约为 10^{-8} cm^2/s，相当于每秒移动 1 μm 左右。

（2）旋转运动（rotational motion）：是指膜脂分子围绕与膜平面相垂直的轴进行的快速旋转运动。

（3）翻转运动（flip-flop motion）：是指膜脂分子从脂质双分子层的一层翻转到另一层的运动过程。脂质分子难以自发翻转，一般需要在翻转酶（flippase）的催化下进行。内质网膜表面存在翻转酶，它能促使某些新合成的磷脂分子从脂质双分子层的非胞质面翻转到胞质面，便于后续磷脂分子补充进其他细胞器膜中。

（4）伸缩和振荡运动：一方面，膜脂分子的烃链具有韧性，可以进行伸缩运动；另一方面，靠近极性头部的烃链摆动幅度较小，烃链末端的摆动幅度较大，可以进行振荡运动。

2. 膜蛋白的运动性　分布在膜脂双分子层中的部分膜蛋白虽然分子量大，但也具有运动性，既可侧向移动，又能自由旋转扩散。只是与膜脂分子相比，膜蛋白的运动速度相对缓慢。

（1）侧向扩散：实验表明，膜蛋白在脂质双分子层中可以进行侧向平移运动。1970年，科学家通过结合间接免疫荧光技术和细胞融合实验，首次证实膜蛋白在脂质双分子层二维平面上可以进行自由扩散。研究者将离体培养的人体和小鼠成纤维细胞融合，融合前分别标记两种细胞表面膜抗原：人体细胞结合红色荧光抗体，小鼠细胞结合绿色荧光抗体。应用荧光显微镜观察可见，刚融合的异核细胞膜表面一半为红色颗粒，另一半为绿色颗粒；经 37℃孵育 40 min 后，两种颜色的颗粒均匀地分布在人 - 鼠杂交细胞膜上（图 2-9）。这表明两种细胞的膜蛋白在膜平面内经扩散运动而重新分布。

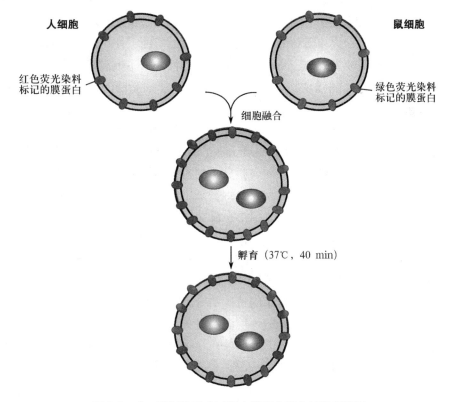

图 2-9　人 - 鼠细胞融合过程中膜蛋白侧向扩散示意图

目前测定膜蛋白侧向扩散常采用荧光漂白恢复（fluorescence photobleaching recovery, FPR），即用荧光素标记细胞膜蛋白后，通过激光照射将膜上某一特定区域膜蛋白上结合的荧光素不可逆地漂白；孵育一段时间后，邻近区域带有荧光的膜蛋白由于侧向扩散，不断地进入被漂白区域，使荧光又重新恢复。通过检测荧光恢复的速度可定量测定膜蛋白侧向扩散。

（2）旋转运动：或称旋转扩散，膜蛋白能围绕与膜平面相垂直的轴进行旋转运动，其速度比侧向扩散更慢。

实际上，并非所有蛋白质分子在膜上都能自由运动，许多膜蛋白由于与其他膜蛋白相互结合或与细胞骨架相连接而限制了其自身的运动性。

3. 影响膜流动性的因素　膜流动性具有十分重要的生理意义。为了使生物膜具有合适的流动性以行使其正常功能，生物体可以通过细胞代谢等方式进行调控，如果超出其调控范围，细胞就可能会因难以维持正常功能而出现病变。

膜流动性取决于其组成成分及其所处的环境温度。在较低温度下，脂质双分子层呈凝胶态。随着温度的升高，凝胶态脂质分子开始熔融为液晶态。不同生物体的细胞膜组成成分不同，其相变温度也不同。相变温度越高，表示细胞膜脂质分子流动性越低。相变温度主要取决于脂肪酸链的长度、脂肪酸的饱和程度以及胆固醇含量等因素。

（1）脂肪酸链的长度：脂肪酸链越长，则相变温度越高，即长链脂肪酸含量较高的细胞膜流动性较差。这是因为长脂肪酸链尾端可以与另一脂分子层中的脂肪酸链尾端相互作用，从而阻碍膜脂分子的运动。

（2）脂肪酸的饱和程度：脂质双分子层中含不饱和脂肪酸越多，则膜的相变温度越低，其流动性也越强。不饱和脂肪酸由于含双键部位的折曲，使得脂肪酸链间不易因范德瓦耳斯力而聚集，排列较为疏松，从而增加了膜流动性，故不饱和脂肪酸含量较高的细胞膜流动性较高。例如，油酸和硬脂酸均为含18个碳原子的脂肪酸，由于油酸是不饱和脂肪酸，故含油酸的细胞膜流动性远远高于含硬脂酸的细胞膜。有的细胞可以通过代谢调节其膜脂中脂肪酸的不饱和程度，进而降低外界环境温度变化的所造成的影响。例如，当环境温度降低时，细胞通过脱饱和酶（desaturase）的催化将脂肪酸中的单键脱饱和形成双键，或通过磷脂酶和脂酰转移酶在不同磷脂分子间重组脂肪酸链以产生含两个不饱和脂肪酸链的磷脂分子，进而提高细胞膜流动性，维护细胞的完整性和稳定性。调节脂肪酸的饱和程度是细胞适应环境温度变化和调节细胞膜流动性的主要途径。

（3）胆固醇含量：胆固醇含量越高，细胞膜流动性越低。这是因为胆固醇的环状分子结构具有刚性、难以变形，使得含有胆固醇的细胞膜活动受限。如果过量胆固醇沉积在动脉血管壁内皮细胞膜部位，就会造成膜流动性降低，这是形成动脉硬化的诱因之一。然而，在生理状态下，由于胆固醇与磷脂的特殊结合方式，使得胆固醇对膜脂流动性具有双向调节作用，其具体效应与细胞所处的环境温度有关。当环境温度高于相变温度时，胆固醇可增加膜脂的有序性，降低细胞膜的流动性；当环境温度低于相变温度时，胆固醇又能扰乱膜的有序性，诱发脂肪酸链扭曲，从而阻止晶态形成，使膜处于流动的液晶状态，从而提高细胞膜的流动性。

此外，膜蛋白与膜脂分子的相互作用也是影响膜流动性的一个重要因素。一方面，内在膜蛋白越多，则与其相互作用的脂质分子就越多，膜脂运动受到的限制也越多；另一方面，膜蛋白自身的运动也受到膜脂的约束，主要表现为使膜流动性降低。

（二）膜的不对称性决定膜的功能域

膜不对称性（membrane asymmetry）是指膜脂、膜蛋白和膜糖在膜脂质双分子层中分布不均匀的特性，包括种类和数量的差异。膜不对称性使得膜功能具有方向性，是细胞膜执行各种复杂生理功能的结构基础。

1. 膜脂的不对称性　脂质双分子层由内外两个不同的小叶（leaflet）即片层构成，两小叶所含脂质存在着数量、种类的差异。例如，人红细胞膜中，外小叶主要含磷脂酰胆碱和鞘磷脂，内小叶则含有较多的磷脂酰乙醇胺和磷脂酰丝氨酸（图2-10）；外小叶胆固醇含量稍多于内小叶。近年来发现，膜结构中含量最少的磷脂酰肌醇多分布于膜脂质双分子层的内小叶。胆固醇和磷脂分布的不对称是相对的，仅表现为数量上的差异，而糖脂只分布在膜的非胞质侧，其分布是绝对不对称的。

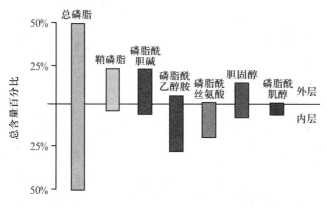

图2-10　人红细胞膜中几种膜脂的不对称分布

2. 膜蛋白的不对称性　各种膜蛋白在细胞膜上都有特定的位置，分布不对称。红细胞膜冰冻蚀刻标本显示，膜内小叶包含蛋白质颗粒数约为$2800/\mu m^2$，而外小叶则只有$1400/\mu m^2$；外周膜蛋白主要分布在膜的内表面，如腺苷酸环化酶；也有分布于膜外表面的，如5′-核苷酸酶、磷酸二酯酶等。

3. 膜糖的不对称性　与膜脂和膜蛋白相比，膜糖分布的不对称性更为显著。在细胞膜相系统中，糖链只分布于非胞质面，即细胞膜的糖脂和糖蛋白的寡糖链只外伸于细胞膜的外表面，而在内膜系统的膜结构中，寡糖链只分布在膜腔的内侧。

膜脂、膜蛋白和膜糖分布的不对称性与膜功能的不对称性和方向性有密切关系，具有重要的生物学意义。膜结构的不对称性决定了膜功能的方向性和细胞生命活动的有序性。例如，只存在于细胞膜外表面的膜受体，可与细胞外的各种信号分子结合；而只存在于膜内表面的腺苷酸环化酶，可催化ATP生成环磷酸腺苷（cyclic adenosine monophosphate，cAMP）；cAMP作为细胞内的第二信使参与信号转导，最终引发一系列细胞生理活动。当衰老的淋巴细胞发生凋亡时，原本位于脂质双分子层内侧的磷脂酰丝氨酸翻转到外侧，使质膜外侧的磷脂酰丝氨酸明显增加，成为巨噬细胞识别凋亡细胞的信号。因此，膜蛋白有序而不对称的排列保证了细胞能够对外界信号做出相应的反应，以确保细胞功能的有序执行。

第二节　细胞膜的结构模型

20世纪50年代，超薄切片技术和电子显微镜的应用，使人们第一次直观地观察到了细胞膜的结构。在此之前，主要是通过细胞膜生理功能实验进行细胞膜结构的推理。1917年，科学家朗缪尔（I. Langmuir）应用有机溶剂将细胞膜的抽提物放入带有可移动挡板的水槽，推动挡板时发现水面上形成了一层油膜。于是，他推断细胞膜是由脂质单分子所构成的。但是，由于脂质分子属于两亲性分子，一旦接触水，脂质分子就会聚合起来，亲水区朝向水面，而疏水区则背向水面（图2-11）。

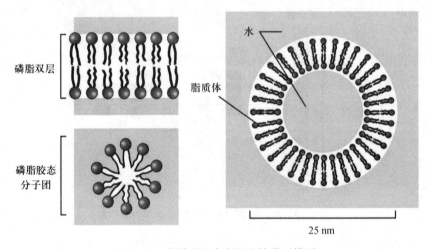

图 2-11　脂质分子在水面上的排列模型

1925年，荷兰科学家戈特（E. Gorter）和格伦德尔（F. Grendel）在对细胞膜进行定量分析时发现，将从红细胞膜中分离出的脂质分子铺展到水面上形成单分子层后，该单分子层在水面所占面积为原来红细胞表面积的2倍，因此提出了脂质双分子层的早期细胞膜基本结构模型：细胞膜是由脂质双分子层构成的，脂质分子亲水的极性区位于各层的外侧，而疏水的非极性区则向内排列，脂质双分子层构成了细胞膜的骨架结构（图2-12）。

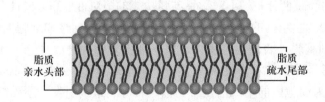

图 2-12　早期推测的细胞膜结构示意图

脂质双分子层概念的提出虽然很好地解释了细胞膜的某些生理现象，但是仍然无法解释亲水性物质（如糖类和离子）为何能够较快地通过细胞膜，以及为什么细胞膜的表面张力要比油水界面的表面张力小很多等问题。于是，在脂质双分子层概念的基础上又提出了数十种不同的细胞膜结构模型。以下主要介绍几种具有代表性的模型。

一、片层结构模型

人工制备的脂质双分子层球形微囊称为脂质体（liposome）。科学家通过测定并比较脂质体与天然细胞膜的表面张力发现，脂质体的表面张力总是高于天然细胞膜，提示天然细胞膜不仅含有脂质分子，还可能含有其他成分。向脂质体中加入一定量的蛋白质后，脂质体的表面张力与天然细胞膜几乎相等。这表明，细胞膜不仅由脂质分子组成，还可能包含蛋白质成分。后来，通过实验再次证明细胞膜中确实含有蛋白质。根据上述发现，科学家于 1935 年提出了细胞膜的片层结构模型（lamellar structure model），又称"三明治"模型（sandwich model）。该模型认为，细胞膜由双层脂质分子构成，脂质分子以疏水尾部相对簇集于脂双层内侧，其极性亲水头部朝向膜的外面；球形蛋白质覆盖在脂双层外侧，通过静电作用与脂质分子的极性基团相结合，形成蛋白质 - 脂质分子 - 蛋白质的"三明治"结构（图 2-13）。

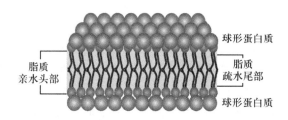

图 2-13　细胞膜的片层结构模型

尽管细胞膜的片层结构模型得到了当时科学界广泛的认同，但是在细胞膜研究中遇到的许多实际问题仍然难以用该模型解释。主要问题包括以下几方面：

1. 厚度问题　细胞膜的厚度为 7 ~ 8 nm，其中脂质分子占 5 nm，换言之，蛋白质的厚度为 1 ~ 2 nm。但是，只有 β- 片层结构的蛋白质才符合这一厚度。而用物理方法测得的膜蛋白基本上以球蛋白为主，而球蛋白肽链更多的是形成 α- 螺旋结构，所以膜蛋白不可能以直接包裹脂质分子的形式存在。

2. 化学键问题　按照该模型的理论，膜脂质分子极性区和膜蛋白侧链以离子键结合。在制备膜蛋白过程中提高离子浓度，理论上应该有利于蛋白质与脂质分子解离。然而，实验发现大多数膜蛋白并没有因离子浓度的升高而更多地被分离。相反，如果采用高离子浓度的溶液分离膜蛋白，那么提取出的膜脂质分子就很难再溶于水。这提示，膜蛋白与膜脂质分子不一定以离子（极性）键结合，而是可能以非极性键与脂质分子的疏水尾部结合。

3. 脂质 / 蛋白质比例问题　根据该模型，在单位面积内，细胞膜中脂质分子的实际数量应该与围成双层脂膜所需要的理论数量相等。但实际测量发现，膜中脂质分子的实际数量明显低于理论数量。这进一步表明，膜蛋白分子可能占据了理论上由脂质分子占据的空间与面积，提示蛋白质分子可能嵌入了细胞膜脂质双分子层中，而非仅仅覆盖在其表面。

4. 降解问题　根据该模型，由于膜脂质分子被膜蛋白包裹，那么理论上应该难以被一类专门分解磷脂分子的酶——磷脂酶降解。但实际加入磷脂酶后，大部分膜脂分子可被降解。这一结果提示，细胞膜的脂质分子并没有被膜蛋白完全覆盖，而是裸露的、能够被磷脂酶识别并水解的。

5. 违背热平衡定律的问题　根据该模型，位于膜中央的脂质分子无论是否具有极性，都因其表面全部被蛋白质所覆盖而表现出疏水性。实际上，将分离的细胞膜置于水环境中，其脂质分子和蛋白质都表现出极性区亲水、非极性区疏水的特点，遵循热平衡定律。换言之，细胞膜的片层结构模型显然不符合热平衡定律。

6. 细胞膜蛋白质含量不同的问题　蛋白质 - 脂质分子 - 蛋白质结构模型中，既然膜蛋白是覆盖膜脂质的，那么细胞膜中蛋白质与脂类分子所占的比例就应相对固定，约为 2 : 1。但实际研究发现，多数细胞膜中两者比例都不是 2 : 1，有的细胞膜中两者的含量比例甚至严重偏离 2 : 1。如神经元轴突被膜（即髓鞘）中的膜蛋白与膜脂质比值仅为 0.25，而线粒体膜内蛋白质与脂质比值为 3.2，两者相差 10 多倍。因此，人们有理由怀疑过少的膜蛋白是否足以包被细胞膜（如轴突）？同样，过多的膜蛋白包被是否会影响线粒体的功能？

二、单位膜模型

1959 年，罗伯特森（J.D. Robertson）用超薄切片结合透射电镜技术研究各种细胞膜和细胞内膜，获得了清晰的细胞膜电镜照片，使人们第一次看到了细胞膜的结构（图 2-14）。在电子显微镜下可见，细胞膜及细胞内各种细胞器的膜均呈现出"暗 - 明 - 暗"三层结构。内、外两层暗带厚度约为 2 nm，推测是由蛋白质分子组成；中间一层明带厚度约为 3.5 nm，推测是由双层脂质分子组成；整个膜的厚度约为 7.5 nm。

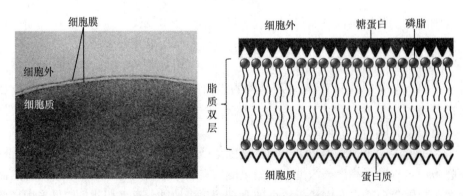

图 2-14　细胞膜电镜照片及单位膜模型

根据电镜下所观察到的细胞膜结构，罗伯特森对片层结构模型进行了改进，提出了单位膜模型（unit membrane model）。该模型认为，所有生物膜都有类似的"暗 - 明 - 暗"三层结构，明带由疏水的脂质分子尾部构成，而两侧的暗带由脂质分子头部以及通过静电作用与脂质分子头部结合的蛋白质构成。蛋白质不是片层结构模型认为的球形，而是以 β 折叠形式存在的单层肽链。

从本质上看，单位膜模型与片层结构模型有许多相同之处，但二者的主要区别在于膜脂质双分子层内外两侧蛋白质的结合方式不同。单位膜模型强调，膜蛋白可以呈 β 折叠伸展的片层，并未提及呈 α 螺旋结构的球形蛋白质。

单位膜模型提出了各种生物膜在形态结构上的共同特点。在细胞超微结构中，单位膜的名称一直沿用至今。但是，单位膜模型也有一些不足：①该模型把细胞膜看成是静止的，无法解释细胞膜如何适应细胞生命活动的变化；②不同的细胞膜，其厚度是不一致的，一般为 5 ~ 10 nm；③如果蛋白质呈 β 折叠伸展，则不能解释酶的活性与构型的关系。此外，该模型也不能解释为什么有的膜蛋白很容易被分离，而有的则很难。

三、流动镶嵌模型

20 世纪 60 年代以后，由于新技术的发明和应用，对细胞膜的结构研究取得了突破性进展。运用免疫荧光标记技术跟踪指示蛋白质的运动和变化，结果证实细胞膜内的蛋白质是可流动的；应用电子自旋共振（electron spin resonance，ESR）技术证实，细胞膜内的磷脂分子是可流动的；通过冰冻蚀刻技术观察到脂质双分子层中存在着膜蛋白颗粒；红外光谱、旋光色散等结果显示，膜蛋白主要是以 α 螺旋的球形结构存在的。

1972 年，美国科学家辛格（S.J. Singer）和尼科尔森（G.L. Nicolson）总结了膜结构的各种模型和相关研究，提出了流动镶嵌模型（fluid mosaic model）（图 2-15）。该模型能合理解释生物膜结构与功能相互关系，是目前获得普遍承认的细胞膜模型。其主要内容包括：流动的脂质双分子层构成膜的主体，各种膜蛋白分子以镶嵌形式与脂质双分子层结合：有的部分或全部嵌入脂质双分子层中，有的以静电吸附的方式附着在脂质双分子层的内外表面；无论是蛋白质还是磷脂分子，都可以在脂质双分子层结构中进行扩散。

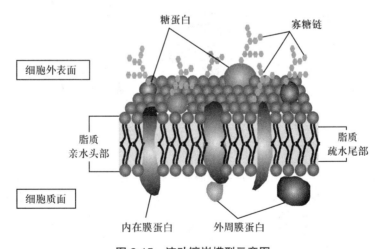

图 2-15　流动镶嵌模型示意图

流动镶嵌模型强调膜的流动性和不对称性，很好地解释了细胞膜的各种生理活动。但是，该模型不能说明具有流动性的细胞膜怎样保持膜的相对完整性和稳定性，也没有阐述蛋白质对脂质流动性的影响，同时忽略了膜的不同部位其流动性存在不均匀性的特点。

因此，1975年，瓦拉赫（Wallach）在流动镶嵌模型的基础上提出了晶格镶嵌模型（crystal mosaic model），在流动镶嵌模型的基础上对膜的流动性进行了补充。该模型认为：生物膜中流动的脂质是可以发生可逆的从无序（液态）到有序（晶态）的相变，内在膜蛋白周围的脂质称为界面脂，其流动性受到限制。内在膜蛋白及其周围的脂质分子共同构成膜中的晶态部分（晶格），而具有流动性的脂质呈小片点状分布。因此，脂质在膜上的流动性是受限的。该模型很好地解释了生物膜既具有流动性，又具有相对完整性及稳定性。

1977年，杰恩（M. Jain）和怀特（H. White）又提出了板块镶嵌模型（block mosaic model），对脂双层的流动性进行了补充。该模型认为：在流动的脂质双分子层中存在许多大小不同、刚度较大、彼此独立运动的脂质板块（有序的板块）。这些有序的板块之间被无序的流动性脂质区（无序的板块）所分隔，并且这两种板块处于动态平衡之中，因而生物膜是由同时存在不同流动性的板块镶嵌而成的动态结构。

四、脂筏模型

20世纪末，随着对细胞膜结构和功能研究的深入，1988年，西蒙斯（K. Simons）提出了脂筏（lipid raft）模型（图2-16），之后又进一步提出了"功能筏"（functional raft）的概念。该模型认为：细胞膜的厚度和组成具有非均一性，有的区域富含鞘磷脂、胆固醇和蛋白质。由于鞘磷脂具有较长的饱和脂肪酸链，分子间的作用力较强，加之胆固醇的稳定作用，使得这些区域的脂质双分子层比周围更厚，结构更致密、也更有序，介于液态与液晶态之间，可以在流动的脂质双分子层中像竹筏一样移动，即称为脂筏。

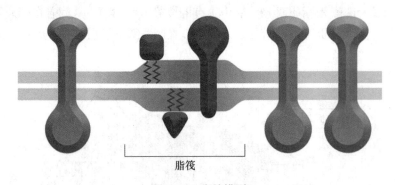

脂筏

图2-16 脂筏模型

脂筏是一种动态结构。不同的脂筏可以相互融合，也可以相互分离。脂筏大多位于细胞膜脂质双分子层的外侧（非胞质面），主要含有鞘磷脂、胆固醇及GPI锚定蛋白。在细胞膜脂质双分子层的内侧也有类似的微区，主要聚集有许多酰化的锚定蛋白，特别是信号转导蛋白。近年来发现，脂筏不仅存在于细胞膜上，也存在于高尔基复合体膜上。推测脂筏最初可能在内质网形成，然后被转运到细胞膜上。有的脂筏还可与膜下细胞骨架蛋白交联，参与维持细胞形态。

从结构和组成来看，脂筏形成了一个有效的蛋白质停泊工作平台：许多功能相关的蛋白质聚集在脂筏内，便于相互作用；同时，脂筏提供了有利于蛋白质变构的环境，可以促使其形成有效构象，以便发挥蛋白质（群）特定的生物学功能。目前发现，脂筏与细胞膜信号转导、物质跨膜运输以及蛋白质分选等活动均有密切关系。

第三节　小分子物质的跨膜运输

细胞膜是一个选择性的渗透屏障，既为细胞的生命活动提供相对稳定的内环境，又不断地与外界环境进行物质交流和能量转换。细胞膜通过通透性维持细胞内外的离子浓度差、渗透压平衡、正常膜电位及膜兴奋性，保持细胞内外环境的相对恒定和功能的正常进行。根据细胞膜的结构特点，只有 O_2、CO_2、N_2 和苯等脂溶性物质能够通过简单扩散的方式进入细胞，那么大多数离子、单糖、氨基酸等小分子物质是如何通过细胞膜的呢？目前已知，这些物质必须依赖细胞膜上的转运蛋白（transport protein）才能进出细胞。而其他分子量更大的分子和物质，如蛋白质、脂质、多糖和细菌等，则需要通过吞噬、胞饮等作用借助囊泡才能完成跨膜运输。细胞膜对小分子物质的转运一般根据是否消耗能量，分为被动运输（passive transport）和主动运输（active transport）两类（图 2-17）。

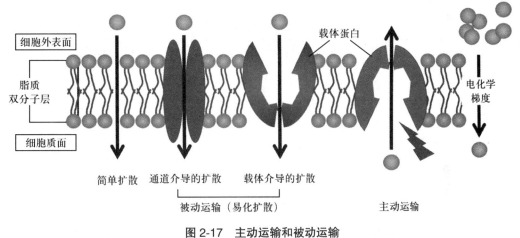

图 2-17　主动运输和被动运输

一、被动运输

被动运输是指粒子或小分子物质顺细胞膜两侧的浓度梯度或电化学梯度，由高浓度一侧向低浓度一侧进行的跨膜转运过程。由于运动的驱动力来自浓度梯度，细胞膜内、外物质的浓度差是造成被动运输的动力，因而不需要消耗能量。被动运输包括简单扩散（simple diffusion）和易化扩散（facilitated diffusion）两类。气体分子、脂溶性分子和某些小分子物质（如 H_2O），通常是通过简单扩散进行运输的；而其他小分子物质（如单糖）和所有离子则只有通过易化扩散才能进行跨膜运输。

（一）简单扩散

简单扩散是最简单的一种物质跨膜转运方式，即物质由高浓度一侧向低浓度一侧的自由运动，故又称自由扩散（free diffusion）。简单扩散不需要借助膜蛋白，物质跨膜运输的速度完全取决于其分子大小和脂溶性。物质通过简单扩散进行跨膜运输的能力可以用物质的通透性表示，与该物质在水和油中的分配系数及膜的厚度等相关。疏水性的 O_2、CO_2、N_2 和苯等非极性小分子较容易通过细胞膜，而 H_2O、尿素和甘油等极性小分子则相对较难通过细胞膜。某一物质的通透性以 P 来表示，P 值与物质在水和油中的分配系数 K 及扩散系数 D 呈正比，与膜的厚度呈反比。其公式为：$P=KD/t$。式中，t 为膜的厚度。

（二）易化扩散

如表 2-1 所示，虽然细胞内、外的离子浓度差为其跨膜运输提供了便利条件，但离子为极性带电物质，有较强的亲水性，难溶于膜脂质双分子层，不能通过简单扩散的方式进行跨膜运输，因此必须依赖膜上特定转运蛋白的协助。同样，某些非极性物质如果分子量较大，则难以通过简单扩散的方式通过细胞膜，也必须在某种膜转运蛋白的协助下才能通过细胞膜。这种有的物质依赖于膜蛋白的帮助，顺浓度差进行跨膜运输的过程，称为易化扩散，又称协助扩散。细胞膜中具有运输功能的蛋白质称为膜转运蛋白。研究发现，人体内约有 5% 的基因与转运蛋白有关，而转运蛋白占膜蛋白总量的 10%～15%。其中，能形成穿膜通道（离子通道），帮助离子转运的蛋白质称为通道蛋白；能帮助非极性物质转运的蛋白质称为载体蛋白（carrier protein）。

表 2-1　动物细胞内、外的离子浓度

离子	细胞内（mmol/L）	细胞外（mmol/L）
Na^+	10	145
K^+	140	5
Mg^{2+}	0.5	1.5
Ca^{2+}	0.001	1.5
H^+	0.000 08	0.000 04
Cl^-	10	110

1. 载体蛋白　以葡萄糖转运为例，由于葡萄糖分子量大，需要葡萄糖转运蛋白（glucose transporter）的帮助才能穿越细胞膜。葡萄糖转运蛋白是一个蛋白家族，包括多种类型，分别存在于肝细胞膜、肌细胞膜等部位。不同组织的葡萄糖转运蛋白具有高度特异性。葡萄糖转运蛋白有 12 个跨膜区域，在运输过程中可发生构象变化。当转运蛋白朝向细胞外时，其以构象 1 形式出现，与葡萄糖结合；而当葡萄糖运输到细胞内时，转运蛋白则变为构象 2，与葡萄糖解离（图 2-18）。

餐后血液中葡萄糖浓度升高时，肝细胞膜上的葡萄糖转运蛋白更多地呈现为构象 1，能与胞外的葡萄糖结合；与葡萄糖结合后，转运蛋白又迅速变为构象 2，不再与葡萄糖结合，而将所运载的葡萄糖释放到胞内；转运蛋白随之又恢复成为构象 1 形式，继续进行下一轮转运。在饥饿状态下，血糖浓度降低，胰高血糖素（glucagon）分泌增加，可刺激肝糖原分解而生成大量葡萄糖，葡萄糖转运蛋白又将肝细胞内生成的葡萄糖运输到胞外，使血糖升高。可见，糖的运输是双向的，既可以由细胞外转运到细胞内，也可由细胞内转运

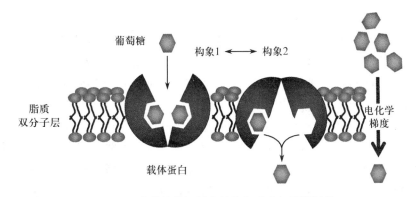

图 2-18　葡萄糖转运蛋白的构象改变与跨膜运输

到细胞外，调节运输过程的动力是细胞膜两侧的浓度差。在这一过程中，葡萄糖转运蛋白通过自身构象的不断变化来完成葡萄糖的运输过程。

2. 通道蛋白　由表 2-1 可知，细胞外的阳离子浓度明显不同于细胞内，由此形成的细胞膜内外的电位差称为膜电位（membrane potential）。由于具有较强的亲水性，带电离子无论大小如何，都无法直接通过细胞膜的脂质双分子层，必须借助通道蛋白形成的离子通道才能完成跨膜转运。离子通道是细胞膜上的一类特异性蛋白质，负责不同离子的跨膜运输。正是由于细胞膜的离子通道各司其职，对各种离子进行特异性的转运，才保证了膜电位的稳定。细胞膜两侧离子种类和浓度的差异，形成了跨细胞膜的电位差。大多数离子的跨膜浓度差与电位差方向一致，以 Na^+ 为例，细胞外 Na^+ 浓度和电荷数远远高于胞内，因此，Na^+ 的净流向是细胞内。个别情况下，离子的浓度差与电位差相反。以 K^+ 为例，生理状态下细胞内 K^+ 浓度高于胞外。在这种情况下，离子的运输方向则取决于电化学梯度（electrochemical gradient）。电化学梯度是离子在膜两侧的电位差和浓度差产生的合力。

与不同组织器官的功能相应，离子通道蛋白在不同组织器官的表达水平也存在差异。以锌离子转运蛋白——ZIP 蛋白（Zrt-/Irt-like protein）和 ZnT 转运蛋白（zinc transporter）为例。锌是人体内的一种必需微量元素，细胞内外锌离子转运及稳态的维持主要依靠锌转运蛋白来实现。根据锌离子转运方向，可将锌转运蛋白分为 ZIP 和 ZnT 两个蛋白家族。其中，ZIP 蛋白家族通过将胞外或细胞器内的金属离子转运到胞质内来提高胞内金属离子的浓度；ZnT 蛋白家族通过把胞质内的金属离子转运到胞外或者细胞器内来降低胞内金属离子的浓度。目前，在人体内共发现 14 个 ZIP（ZIP 1～14）和 10 个 ZnT（ZnT 1～10）蛋白家族成员。ZIP 和 ZnT 蛋白家族成员在人体器官和细胞器内的分布有很大的差异。例如，ZIP 4、ZnT 2、ZnT 4 和 ZnT 5 主要在小肠上皮细胞内表达，ZIP 5、ZIP 14 与 ZnT 10 主要分布在肝内，ZIP 8 则主要分布在胰腺、肺及血细胞内。大多数 ZIP 蛋白家族成员主要位于细胞质膜上，也有部分分布在细胞器内。少数 ZIP 蛋白（如 ZIP 7 和 ZIP 13）分布在细胞器内，如高尔基体、内质网或者溶酶体膜上。ZnT 蛋白家族成员多数位于细胞器和细胞质内，在细胞核内也有少量分布。

3. 水通道蛋白　水分子也通过被动运输方式进行跨膜运输。虽然水分子可以通过简单扩散穿过细胞膜，但是扩散速度极其缓慢。实际上，肾小管上皮细胞、肠上皮细胞、血细胞、植物细胞及细菌等细胞对水的吸收极为迅速。长期以来，人们一直推测细胞膜上可能存在专一性水转运通道。直到 1988 年，科学家阿格雷（P. Agre）在分离纯化红细胞膜 Rh 血型抗原核心多肽时才偶然发现，细胞膜上存在转运水的特异性通道蛋白，并将其称为水通道蛋白（aquaporin，AQP），又称水孔蛋白，从而确认了细胞膜上有水转运通道的理论，阿格雷也因此获得 2003 年诺贝尔化学奖。

目前，在哺乳动物细胞中已经发现的水通道蛋白有 11 种（AQP 0 ~ AQP 10），其中，对 AQP 1 的结构研究较多。AQP 1 分子是一条多肽链，空间结构上是由 6 个 α- 螺旋围成一个只允许水分子通过的中央孔，孔径约为 0.28 nm，稍大于水分子直径。每个螺旋朝向脂双层侧由非极性氨基酸残基构成，朝向中央孔侧由极性氨基酸残基构成。AQP 1 在细胞膜上常以四聚体形式存在。水通道蛋白大量存在于与体液分泌和吸收密切相关的上皮和内皮细胞膜上，参与尿液浓缩、各种消化液的分泌及胃肠道各段的体液吸收等机体多种重要的生理活动。

水分子的转运不需要消耗能量，也不受门控机制调控。水分子通过水通道的移动方向完全取决于膜两侧的渗透压差。水通道是水分子在溶液渗透压梯度作用下进行跨膜转运的主要途径。一般认为，水通道是处于持续开放状态的膜通道蛋白，一个 AQP 1 每秒可允许 3×10^9 个水分子通过。

二、主动运输

主动运输即主动转运，是指跨膜转运的物质逆浓度梯度由低浓度（或低电势）一侧向高浓度（或高电势）一侧的运输过程。由于转运过程是逆浓度差进行的，因此主动运输需要消耗能量才能完成。动物细胞进行主动运输的能量可来自腺苷三磷酸（adenosine triphosphate，ATP）、协同运输产生的电势能等。

（一）通过 ATP 提供能量的离子泵运输

通过 ATP 水解提供能量的主动运输是物质跨膜运输中最重要的一种。ATP 是一种高能化合物，体内许多代谢过程都需要 ATP 水解提供能量，其中用于细胞跨膜运输消耗的 ATP 占总量的 30% 左右。能水解 ATP 提供能量的离子泵是物质跨膜主动运输中最重要的转运蛋白之一。根据离子泵的结构和功能特性，可将其分为 4 类：P 型离子泵、V 型质子泵、F 型质子泵和 ABC 转运体。前三种只转运离子，ABC 转运体则主要转运不带电荷的小分子。

1. P 型离子泵（P-type proton pump） ATP 驱动的离子泵都是细胞膜上的载体蛋白，不仅能够特异性结合被转运分子，还具有酶活性，能在水解 ATP 释放能量的同时使自身磷酸化，形成磷酸化中间体，故名 P- 型离子泵，"P"代表磷酸化。动物细胞的钠 - 钾泵（sodium-potassium pump，Na^+-K^+ pump）、钙泵（calcium pump，Ca^{2+} pump）和哺乳动物胃腺壁细胞上的氢 - 钾泵（H^+-K^+ pump）等都属于此种类型。

（1）钠 - 钾泵：又称钠 - 钾 ATP 酶（Na^+-K^+ ATPase）。如表 2-1 所示，胞内的 Na^+ 浓度低于胞外，而 K^+ 浓度却高于胞外。如果发生 Na^+ 外流，而 K^+ 内流，则属于逆浓度差转运，这种转运势必要消耗能量，其能量由 ATP 水解提供。需要指出的是，这种膜内外 Na^+、K^+ 的不均衡分布对于维持胞内许多重要酶的活性及神经冲动传导至关重要。

1955年，英国生理学家霍奇金（A. Hodgkin）通过研究发现，离体枪乌贼神经细胞的 Na^+ 运输必须在 K^+ 存在的前提下才能完成，提示 Na^+、K^+ 运输有可能协同发生。后来证实，Na^+、K^+ 运输必须同时进行。1957年，丹麦科学家斯科（J.C. Skou）从神经细胞膜中分离出负责运输 Na^+、K^+ 的蛋白质——Na^+-K^+ ATP 酶。该酶是一种 ATP 水解酶，可水解 ATP 释放能量，供离子逆浓度差转运。由于介导 Na^+ 和 K^+ 的跨膜转运均为主动运输，即要消耗能量，故 Na^+-K^+ ATP 酶又称 Na^+-K^+ 泵。斯科由于对物质跨细胞膜转运研究方面所做出的突出贡献而获得1997年诺贝尔生理学或医学奖。

Na^+-K^+ ATP 酶由两个 α 大亚基和两个 β 小亚基组成。α 亚基分子量为 120 kDa，为一个多次跨膜蛋白。ATP 和 Na^+ 能与 α 亚基胞内侧区域结合，而 K^+ 只能与 α 亚基胞外侧区域结合。β 亚基是具有组织特异性的糖蛋白（分子量约为 55 kDa），并不直接参与离子的穿膜运输，但又是 Na^+-K^+ 泵不可少的组成部分，具体功能尚不清楚。通过观察 Na^+-K^+ ATP 酶磷酸化反应，人们发现了 Na^+-K^+ ATP 酶的工作原理（图 2-19）。当 Na^+-K^+ ATP 酶朝向细胞质一侧时，能迅速与 3 个 Na^+ 结合，同时水解 ATP，生成 ADP 并释放出磷酸基团（Pi）和能量。Na^+-K^+ ATP 酶自身发生磷酸化，构象发生改变，Na^+ 结合位点转向胞外。这时，Na^+ 与 α 亚基的亲和力降低，3 个 Na^+ 便从转运蛋白（即 Na^+-K^+ ATP 酶）上解离，并释放到细胞外，完成 Na^+ 的逆浓度梯度转运。紧接着，α 亚基又与胞外的 2 个 K^+ 结合，使 Na^+-K^+ ATP 酶发生去磷酸化和构象改变，将 2 个 K^+ 转运到细胞内，完成 K^+ 的逆浓度梯度转运。由此可见，Na^+-K^+ ATP 酶每完成一次转运过程，就会分别有 3 个 Na^+ 出胞和 2 个 K^+ 入胞。由于此过程依赖于 ATP 水解供能，故使用生物氧化抑制剂（如氰化物）可使 ATP 供能发生障碍，导致 Na^+-K^+ ATP 酶介导的转运过程立即停止。另外，通过其他竞争性抑

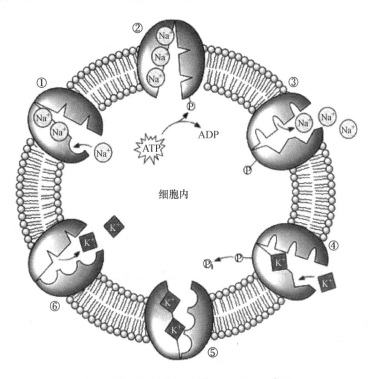

图 2-19 Na^+-K^+ ATP 酶工作原理示意图

制剂抑制 K^+ 离子与 Na^+-K^+ ATP 酶的结合，亦能阻断 Na^+ 和 K^+ 的跨膜运输过程。例如，毒毛花苷 G 能够特异性地结合 Na^+-K^+ ATP 酶 α 亚基胞外侧区域，进而抑制 Na^+-K^+ 泵的特异性转运作用。

（2）钙泵：Ca^{2+} 是另一个典型的由 ATP 提供能量进行跨膜主动运输的离子，其转运蛋白称为钙 ATP 酶（calcium ATPase），又称钙泵。不仅细胞膜表面分布着 Ca^{2+} 泵，内质网膜也分布着大量 Ca^{2+} 泵。细胞膜上的 Ca^{2+} 泵可将 Ca^{2+} 从胞内泵到胞外；而肌质网上的 Ca^{2+} 泵则主要负责将 Ca^{2+} 从细胞质运回肌质网内，从而使 Ca^{2+} 在细胞质中保持低水平。与 Na^+-K^+ 泵结构相似，Ca^{2+} 泵亦属于多次跨膜蛋白，其 α 亚基穿膜次数可达 10 次，这提示从进化角度分析，此类离子泵的来源可能相同。细胞质内的 Ca^{2+} 浓度为 10^{-7} mmol/L，比细胞外 Ca^{2+} 浓度（1～2 mmol/L）低近千万倍。如此悬殊的浓度差主要是由 ATP 供能的 Ca^{2+} 泵负责维持的。Ca^{2+} 泵的工作原理与 Na^+-K^+ 泵一样，也是通过磷酸化和去磷酸化来调节 ATP 酶的构象和活性，从而达到逆浓度差定向转运的效果。

2. V 型质子泵（V-type proton pump） 即液泡质子 ATP 酶（vacuolar proton ATPase）主要是指存在于真核细胞的酸性膜泡（如内体、溶酶体、植物细胞液泡）等膜上的 H^+- 泵，也存在于某些分泌质子的特化细胞（如破骨细胞和肾小管上皮细胞等）的细胞膜上。V 型质子泵也可利用 ATP 水解供能，将 H^+ 逆电化学梯度转运出胞质，使溶酶体、囊泡等形成酸性环境。V 型质子泵与 P 型离子泵最主要的区别在于，V 型质子泵在转运质子的过程中不形成磷酸化中间体。

3. F 型质子泵（F-type proton pump） 又称 F 型 ATP 酶（F-type ATPase），即 ATP 合酶（ATP synthase），主要存在于细菌细胞膜、线粒体内膜和叶绿体膜中，可以通过水解 ATP 逆电化学梯度转运 H^+，但主要是利用 H^+ 顺电化学梯度通过时所释放的能量，将 ADP 转化成 ATP，偶联 H^+ 转运和 ATP 合成。F 型质子泵在线粒体氧化磷酸化和叶绿体的光合磷酸化中发挥重要作用（详见第四章第三节）。详细结构和机制参见线粒体章节。

4. ABC 转运蛋白（ABC transporter） 即 ATP 结合盒蛋白（ATP-binding cassette protein），是以 ATP 供能的一类膜转运蛋白，目前已发现有 1000 多种，广泛分布在从细菌到人类各种生物体中，是一个膜内在蛋白质超家族。在动物细胞中已确定约有 50 种不同的 ABC 转运蛋白，每种转运蛋白都有各自特异性的转运底物。在正常生理条件下，ABC 转运蛋白超家族是哺乳动物细胞膜上磷脂、胆固醇、肽、亲脂性药物和其他小分子的转运蛋白。ABC 转运蛋白在肝、小肠和肾细胞等细胞膜上表达丰富，能使毒素、药物和代谢物等随尿液、胆汁等排出，降低有害物质在机体和细胞内的蓄积而起到保护作用。

第一个被鉴定出的真核细胞 ABC 转运蛋白源于对肿瘤细胞和抗药性培养细胞的研究。这些细胞过度表达一种多药耐药蛋白（multiple drug resistance protein），如 MDR-1。研究发现，药物转运蛋白能够利用水解 ATP 释放的能量将多种药物从细胞内转运至胞外，从而影响药物对肿瘤细胞的杀伤作用，导致肿瘤多药耐药性的产生。被 MDR-1 转运的药物大部分是脂溶性小分子，可以不依赖转运蛋白而直接通过细胞膜弥散进入细胞，如通过阻断微管组装而抑制细胞增殖的化疗药物秋水仙碱和长春碱等。大量研究表明，如果肿瘤（如肝癌）细胞内的 MDR-1 过表达，化疗药物就会被迅速泵出细胞而达不到效果，即产生耐药性而难以治疗。

（二）协同运输

协同运输（co-transport）又称偶联运输（coupled transport），是指一种物质以被动运输方式进行运输，所产生的势能推动另一种物质进行主动运输的过程。如果两种物质运输方向一致，则称为同向运输（symport），又称同向转运；如果方向相反，则称为对向运输（antiport），又称反向转运。

小肠上皮细胞和肾小管上皮细胞吸收葡萄糖和氨基酸的过程是典型的同向运输。机体为了维持血糖稳定，即使在小肠上皮细胞内的葡萄糖浓度明显高于肠腔时，也需要持续不断地将肠腔内的葡萄糖运输到小肠细胞内。这种逆向运输所需要的能量来自位于肠上皮细胞顶侧面的 Na^+ 转运蛋白。肠腔内的 Na^+ 浓度高于肠上皮细胞内 Na^+ 浓度时，转运蛋白可以通过被动运输将 Na^+ 顺电势差转到细胞内。Na^+ 转运蛋白与 Na^+ 结合后发生构象改变，继而能够与葡萄糖结合，并将葡萄糖分子携带到胞内。由于后一过程是逆葡萄糖浓度差进行的，是需要能量的过程，故属于主动运输。在肠上皮细胞基底面，葡萄糖与葡萄糖转运蛋白结合并被运送入血。这一过程是顺浓度差进行的，因此是被动运输。小肠上皮细胞 Na^+ 与葡萄糖的协同运输如图 2-20 所示。Na^+ 与葡萄糖同向运输对维持糖的吸收和体内电解质的平衡具有重要的生理意义。

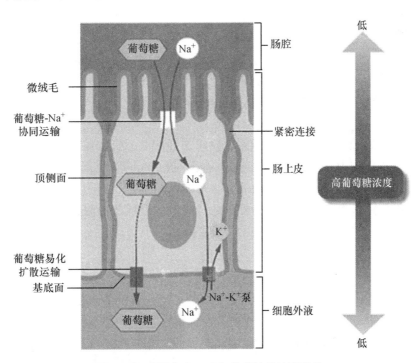

图 2-20 小肠上皮 Na^+ 与葡萄糖的协同运输

协同运输是间接消耗 ATP 所完成的主动运输方式，相对于 ATP 酶介导的主动运输方式而言，这是一种次级主动运输方式。动物细胞中驱动物质次级主动运输的通常是 Na^+，植物细胞中驱动物质主动运输的通常是 H^+。

第四节　大分子与颗粒物质的跨膜运输

膜转运蛋白能够介导小分子物质和离子的跨膜运输，但对于大分子以及颗粒物质（如蛋白质、脂类、多糖和细菌等）的运输来说，膜转运蛋白就无能为力了。细胞在转运这类物质时，通常是以膜泡运输（vesicular transport）的方式，即被转运的物质首先被膜包被到小泡（vesicle）中，然后通过膜泡的形成和融合来完成转运过程。细胞摄入大分子和颗粒物质的过程称为胞吞作用（endocytosis）；细胞排出大分子和颗粒物质的过程称为胞吐作用（exocytosis），这些转运过程都涉及膜的融合、断裂、重组和移位，需要消耗能量，也属于主动运输的范畴。

膜泡运输不仅发生在细胞膜的跨膜运输中，胞内各种膜性细胞器（如内质网、高尔基复合体、溶酶体等）之间的物质运输也是以这种方式进行的。因此，膜泡运输对于细胞内外物质交换和信息交流均有重要作用。本节主要介绍大分子与颗粒物质通过细胞膜的转运过程。

一、胞吞作用

胞吞作用是细胞膜内陷，包围细胞外大分子和颗粒物质形成胞吞泡并脱离细胞膜进入细胞内的转运过程。根据胞吞物质的大小、状态和特异程度等不同，可将胞吞作用分为吞噬作用、胞饮作用和受体介导的胞吞作用三种类型。

（一）吞噬作用

细胞将较大的颗粒物质或多分子复合物（如细菌、无机尘粒、细胞碎片等）内吞摄入细胞内的过程，称为吞噬作用（phagocytosis）。被吞噬的颗粒首先吸附在细胞表面，一般认为吸附不具有明显的专一性。随后，吸附区域的细胞膜内陷形成伪足，将颗粒物质包裹后摄入细胞。细胞吞噬大的细胞外颗粒状物质后形成的由膜包围的结构称为吞噬体（phagosome）（直径＞250 nm）或吞噬泡（图2-21）。

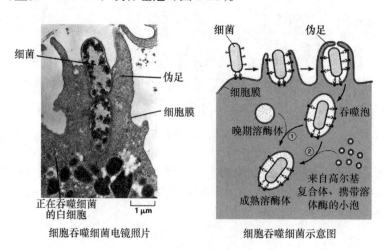

细胞吞噬细菌电镜照片　　细胞吞噬细菌示意图

图2-21　细胞吞噬作用

　　吞噬作用在原生动物中广泛存在，是原生动物获取营养物质的重要方式。高等动物和人类体内大多数细胞不发生吞噬作用，仅少数几种特化的细胞（如中性粒细胞、单核细胞及巨噬细胞等）具有吞噬功能，其主要作用是吞噬和杀灭病原体、清除损伤和死亡的细胞。这些细胞广泛分布在血液和组织中，是机体防御系统的重要组成部分。

（二）胞饮作用

　　摄入细胞外液及可溶性物质的过程，称为胞饮作用（pinocytosis）。当细胞周围环境中的某些可溶性物质达到一定浓度时，即可引发胞饮作用，被细胞摄取吞入。这是一种非选择性的可连续进行的过程。胞饮作用通常是从细胞膜上的特殊区域开始的，细胞膜内陷形成小窝并伸出伪足，伪足融合后最终形成含有吞饮物的小泡（直径＜150 nm），称为胞饮体（pinosome）或胞饮泡（图2-22）。

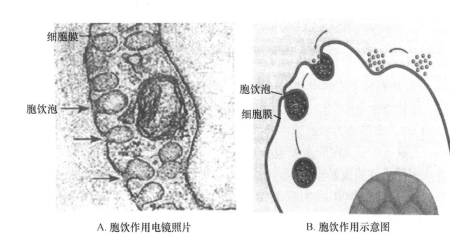

A. 胞饮作用电镜照片　　　　　B. 胞饮作用示意图

图 2-22　细胞的胞饮作用

　　胞饮现象常发生在能形成伪足或转运功能活跃的细胞，如人体黏液细胞、毛细血管内皮细胞、小肠上皮细胞、肾小管上皮细胞和巨噬细胞等。胞饮作用是持续发生的，一个巨噬细胞1 h能够吞饮其自身体积20%～30%的细胞外液，这意味着每分钟要消耗3%的细胞膜，大约半小时其所有细胞膜就会更新一遍。

　　胞饮泡进入细胞后将与内体或溶酶体融合，继而在内体或溶酶体内大量水解酶的作用下被降解。通过胞饮作用所造成的细胞膜的损失和吞入的细胞外液，可以通过胞吐作用得到补偿和平衡。

（三）受体介导的胞吞作用

　　理论上，简单的胞饮泡即可摄取细胞外液中的任何分子并将其运输至细胞内。然而，由于胞饮作用不具有选择性，所以并不适用于对大多数大分子物质进行胞内转运。对大多数动物细胞而言，受体介导的胞吞（receptor-mediated endocytosis）是摄取大分子物质的主要途径。

　　受体介导的胞吞是细胞通过受体的介导，高效、特异地摄取细胞外大分子物质的过程。细胞外的大分子物质首先与细胞表面的特异性受体结合，然后在网格蛋白包被囊泡的帮助下以受体 - 运输物质复合体的形式进入细胞（图2-23）。此过程能选择性地吞入细胞外液中含量很低的成分，并能避免摄入过多的液体，与非特异性胞吞作用相比，可使吞噬效率提高达 1000 多倍。

0.1 μm

图 2-23　受体介导的胞吞过程电镜照片

1. 有被小窝和有被小泡的形成　细胞膜上有多种配体的受体，如激素、生长因子和酶的受体等。受体通常集中在细胞膜的特定区域，电镜下可见这些区域向胞质侧凹陷，直径为 50 ~ 100 nm，凹陷处的细胞膜内表面覆盖有一层毛刺状电子致密物，称为有被小窝（coated pit）。毛刺状电子致密物主要包括网格蛋白和衔接蛋白。有被小窝具有选择受体的功能，该处集中的受体浓度是细胞膜其他区域的 10 ~ 20 倍。有被小窝形成后可进一步内陷，直至与细胞膜断离，即形成小泡进入细胞，该小泡称为有被小泡（coated vesicle）。

有被小窝和有被小泡的外被是五边形或六边形的网篮状结构，称为网格蛋白（clathrin），又称成笼蛋白。网格蛋白是一种进化上高度保守的蛋白质，由一条相对分子质量为 180 kDa 的重链和一条相对分子质量为 35 kDa 的轻链组成二聚体。3 个二聚体形成网格蛋白分子的六聚体——三脚蛋白（triskelion），继而与另一种分子量 35 kDa 的多肽结合形成三脚蛋白复合体。三脚蛋白复合体是形成包被的基本结构单位，具有自我装配的能力。许多三脚蛋白复合体能自动组装成封闭的网篮结构（图 2-24）。

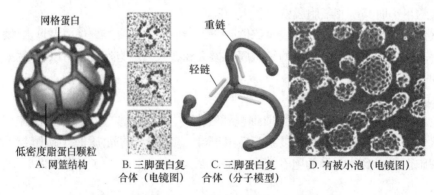

网格蛋白　　　　　　　　　重链　　　　　轻链

低密度脂蛋白颗粒
A. 网篮结构　　　B. 三脚蛋白复　　　C. 三脚蛋白复　　　D. 有被小泡（电镜图）
　　　　　　　　合体（电镜图）　　合体（分子模型）

图 2-24　三脚蛋白复合体及网篮结构示意图

网格蛋白的作用主要是牵拉细胞膜向内凹陷，并参与摄取特定的膜受体，使其聚集于有被小窝。在受体介导的胞吞过程中，网格蛋白没有特异性，其特异性受衔接蛋白的调节。衔接蛋白是有被小泡包被的另一种组成成分，介于网格蛋白与配体 - 受体复合物之间，参与包被的形成并起连接作用。目前已发现细胞内至少有 4 种不同的衔接蛋白，可特异性地结合不同种类的受体。

2. 无被小泡形成并与内体融合　有被小窝逐渐凹陷并从细胞膜上缢断而形成有被小泡，这一过程还需要一种小分子 GTP 结合蛋白——动力蛋白（dynamin）的参与。动力蛋白可自行组装成螺旋状的领圈样结构，环绕在内陷的有被小窝颈部，并能水解与其结合的 GTP，引起有被小窝构象改变，从而使内陷的有被小窝从细胞膜上缢断后形成网格蛋白有被小泡。一旦有被小泡从细胞膜上脱离下来，就会很快脱去包被而变成光滑的无被小泡。随之，网格蛋白被送回到细胞膜下方，重新参与形成新的有被小窝（图 2-25）。

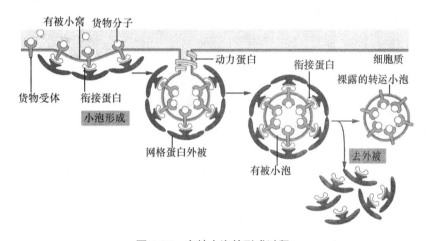

图 2-25　有被小泡的形成过程

然后，无被小泡便与早期内体融合。内体是动物细胞中经胞吞作用而形成的一种含有胞吞物质的由膜包围的细胞器，可将胞吞物质运输到溶酶体降解。内体膜上有 H^+ 泵，可将胞质中的 H^+ 泵入内体腔中，使腔内 pH 值降至 5 ~ 6。在内体的酸性环境中，配体和受体间的相互作用被破坏而彼此解离。受体与配体解离后，内体以出芽的方式将受体送回细胞膜，以备再利用。同时，装有配体的内体可与溶酶体融合，配体在溶酶体酶的作用下被降解。

3. LDL 受体介导的胞吞作用　胆固醇参与构成细胞膜的脂质成分，也合成是胆汁、类固醇激素等的原料。动物细胞通过受体介导的胞吞作用摄入所需的大部分胆固醇。血液中胆固醇多以低密度脂蛋白（low density lipoproteins，LDL）颗粒的形式存在和运输。LDL是直径为 20 ~ 25 nm 的球形颗粒，颗粒中心约含有 1500 个酯化的胆固醇分子，颗粒外层包裹着由磷脂分子和游离胆固醇分子组成的单层膜，膜上镶嵌有载脂蛋白（图 2-26）。其中，载脂蛋白 ApoE 和 ApoB100 能与 LDL 受体结合，对 LDL 的特异性摄取具有重要作用。

当细胞需要胆固醇时，通常先合成 LDL 受体并嵌入细胞膜的有被区域；然后，细胞外液中 LDL 颗粒与有被小窝处的 LDL 受体特异性结合，诱发有被小窝不断内陷；与此同时，环绕在内陷的有被小窝颈部的动力蛋白可水解与其结合的 GTP，继而引起其构象改变，使内陷的有被小窝从细胞膜上缢断而形成有被小泡。

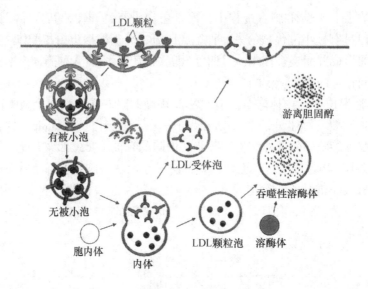

图 2-26　LDL 受体介导的胞吞过程示意图

有被小泡可迅速脱去外被而变成无被小泡，继而与细胞内的内体融合。在内体的酸性（pH 5 ~ 6）环境中，LDL 颗粒与 LDL 受体解离，形成两个分别包含有 LDL 受体和 LDL 颗粒的囊泡。前者返回细胞膜的有被区域，参与受体再循环利用；后者与溶酶体融合，溶酶体酶将 LDL 颗粒降解成游离胆固醇供细胞利用。当细胞内游离胆固醇含量过多时，通过细胞的反馈调节，相关细胞合成胆固醇和 LDL 受体的速度会减慢或停止。正常人每天约有 45% 的 LDL 被降解，其中 2/3 经受体介导的胞吞途径被降解利用，如果这一过程受阻，则血液中的胆固醇含量可升高，进而容易导致动脉粥样硬化。

动物细胞对 50 种以上的不同蛋白质、激素、生长因子、淋巴因子以及铁、维生素 B_{12} 等许多重要物质的摄入都是依赖受体介导的胞吞作用完成的。另外，肝细胞从肝血窦向胆小管转运 IgA 也是通过这种方式进行的。而流感病毒和人类免疫缺陷病毒（human immunodeficiency virus，HIV）也是通过细胞的这种胞吞作用而侵犯人体免疫细胞的。

二、胞吐作用

细胞将胞内物质释放到细胞外的过程，称为胞吐作用（exocytosis），又称出胞作用。这些胞内物质包括自身合成的需要输出发挥作用的外输性物质（如肽类激素、酶类和细胞因子等）以及细胞的代谢废物。胞吐作用是一种与胞吞作用相反的运输过程。出胞的物质首先由内膜包裹形成膜泡，膜泡可逐渐移向细胞膜并与之融合，继而将膜泡内物质释放到细胞外。根据作用方式不同，可将胞吐作用分为连续性分泌和受调分泌两种形式。

（一）连续性分泌

连续性分泌（constitutive secretion）又称固有分泌，是细胞合成的分泌物不受调节持续不断的分泌过程，是指分泌蛋白质在粗面内质网合成后被转运到高尔基复合体进行再加工、修饰、归类分选，形成分泌泡，随即被送至细胞膜，并与细胞膜融合，最终释放到细胞外的过程。这是一个持续不断的动态过程，整个过程不受细胞外信号调节因素的作用。分泌的蛋白质包括内质网驻留蛋白、膜蛋白和细胞外基质各组分等。这种分泌途径普遍存在于动物细胞中。

（二）受调分泌

受调分泌（regulated secretion）是受细胞外信号调控的一种选择性分泌方式。在某些分泌细胞中，分泌蛋白质合成后储存于分泌泡中，只有当细胞受到细胞外信号作用（如激素刺激引起细胞内 Ca^{2+} 浓度瞬间升高）时，才能启动胞吐作用，使分泌泡与细胞膜融合，将分泌物释放到细胞外。这种分泌途径只存在于某些能分泌激素、消化酶和神经递质等物质的特化细胞内（图 2-27）。

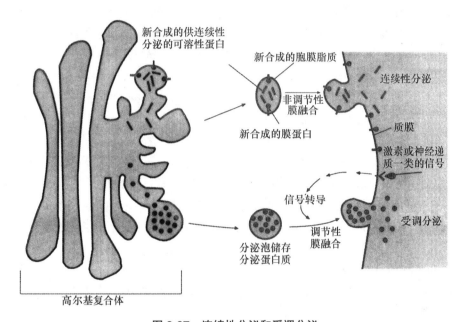

图 2-27　连续性分泌和受调分泌

第五节　细胞膜异常与疾病

细胞膜在维持细胞内环境稳定和细胞正常生命活动的过程中发挥着重要的作用。膜结构中任何成分的改变和功能异常，都会导致细胞发生病变，甚至造成机体功能紊乱，进而导致疾病的发生。

细胞膜中存在着许多与物质跨膜运输相关的转运蛋白，如载体蛋白、通道蛋白、离子泵等。如果这些转运蛋白发生功能紊乱，则可能导致物质运输障碍而引发疾病。编码转运蛋白的基因突变或表达异常可引起转运蛋白数量异常或结构缺陷，这是导致相关遗传性疾病发生的原因。

一、细胞膜蛋白组分异常引发的疾病

（一）红细胞膜病变与贫血

红细胞的细胞膜是最简单的生物膜。正常人体红细胞膜既有很好的弹性又有较高的强度。细胞膜的胞质面与细胞骨架紧密结合，是维持红细胞双凹形结构以及膜的可变形性和完整性的基础。红细胞膜蛋白结构与功能改变可影响细胞的弹性和稳定性，导致细胞形态改变和可变形性降低，进而引起血液疾病的发生。如果由于基因突变而导致红细胞膜蛋白结构和功能改变，则可导致遗传性溶血性贫血的发生。

1. 遗传性球形红细胞增多症　遗传性球形红细胞增多症（hereditary spherocytosis）是一种红细胞膜异常导致的溶血性疾病，特点是红细胞呈球形、易破碎，进而造成溶血，故而得名。患者可表现为慢性中度贫血、黄疸和脾大。本病多数呈常染色体显性遗传。从分子水平看，本病具有遗传异质性，病因可以是膜收缩蛋白轻度至中度缺乏、锚定蛋白缺乏等。

2. 遗传性椭圆形红细胞增多症　正常人外周血中有1%～14%的红细胞呈椭圆形。患遗传性椭圆形红细胞增多症（hereditary elliptocytosis）时，椭圆形红细胞比例可增至50%～90%。患者常伴有溶血、贫血、黄疸和脾大等症状，红细胞脆性增高。本病是一种红细胞膜缺陷性溶血性疾病，多呈常染色体不完全显性遗传，主要是由于红细胞表面膜收缩蛋白结构异常，不能起到连接细胞膜与细胞骨架的作用而造成的。患者体内的膜收缩蛋白主要以二聚体形式存在，不能形成四聚体，而正常人体内的膜收缩蛋白主要以四聚体形式存在，只有5%～8%是二聚体形式。缺乏膜收缩蛋白四聚体的红细胞膜骨架稳定性降低，易引发溶血。

（二）细胞膜组分异常与癌变

随着对生物膜研究的深入，越来越多的研究发现，癌细胞的许多表型变化及其伴随的恶性行为与细胞膜结构的改变密切相关。

1. 糖脂改变　细胞膜上糖脂的含量虽然较少，但具有重要的生理功能，如参与膜受体功能的调节、细胞的黏附与识别，以及细胞的生长和分化等。研究发现，细胞在癌变过程中常伴有鞘糖脂的变化，特别是神经节苷脂的变化。糖脂的改变主要是糖链缩短，致使细胞膜上结构复杂的糖脂减少，而结构简单的糖脂增多。在肝癌、胃癌、肺癌、胰腺癌和淋巴瘤患者癌细胞中都发现有鞘糖脂组分的改变。这种改变可出现在癌变前期，因而有望将鞘糖脂作为早期癌症发生的标志物，成为诊断和治疗的靶点。

2. 膜蛋白改变　正常细胞表面所含有的某些蛋白质在癌细胞膜中可消失；有的蛋白质在癌细胞膜中却又增加。例如，纤连蛋白（fibronectin，FN）在内质网合成后被分泌到细胞表面，在细胞与细胞外基质黏着过程中起中介作用。在某些肿瘤细胞中已发现纤溶酶原过度活化，进而转化为纤维蛋白溶酶，后者可降解纤连蛋白，使细胞与细胞外基质的相互作用减弱，进而导致细胞更容易发生浸润生长和远端转移等。这些膜蛋白的改变有利于肿瘤细胞迁移，从而促进癌症的恶性进展。

3. 膜抗原改变　主要表现为膜抗原的消失和异型抗原的产生，以及某些抗原表达增高。例如，红细胞、血管内皮、鳞状上皮和柱状上皮等细胞均携带ABO抗原，若这些部

位发生肿瘤，则不仅原有的 ABO 抗原会消失，还可能会有异型抗原的出现。如 O 型或 B 型胃癌患者，其正常胃黏膜细胞表面只有单一的 O 型或 B 型抗原，而在胃癌细胞表面可出现 A 型抗原，这可能与某些糖基转移酶活性改变有关。某些肿瘤患者（如结直肠癌患者）可出现血清中癌胚抗原（carcinoembryonic antigen，CEA）水平升高。肿瘤细胞表面出现肿瘤相关抗原（tumor-associated antigen，TAA）表达明显增高被认为是膜抗原最具特征性的改变。一般认为这是由于致癌因子引起基因突变而产生的一种改变。

二、转运蛋白功能紊乱与疾病

1. 胱氨酸尿症 胱氨酸尿症（cystinuria）是一种遗传性膜运输异常疾病，是由患者肾小管上皮细胞的膜转运蛋白缺陷，导致肾小管对胱氨酸、赖氨酸、精氨酸及鸟氨酸的重吸收障碍而造成的疾病。患者肾小管上皮细胞的胱氨酸载体蛋白发生变化可使肾小球滤出至原尿中的胱氨酸、赖氨酸、精氨酸和鸟氨酸四种氨基酸的重吸收出现障碍，导致随尿液排出的这四种氨基酸过多，使患者血液中相应氨基酸含量显著降低，而尿液中这几种氨基酸的含量增高。胱氨酸不易溶于水，当患者每日尿量中的胱氨酸达到一定值时，尿液中的胱氨酸就会形成晶体，导致尿路结石，易引起肾损伤。同时，患者小肠黏膜上皮细胞的主动运输机制可能也有类似缺陷。但这种膜转运蛋白缺陷一般不造成营养不良，而是以肾结石引起的肾功能损伤为主要临床表现。

2. 肾性糖尿 正常情况下，葡萄糖经肾小球滤过后，绝大部分在近端肾小管通过葡萄糖转运蛋白被重吸收。而当肾小管上皮细胞葡萄糖的重吸收发生障碍后，使得机体在血糖正常的情况下尿液中却出现葡萄糖，即肾性糖尿（renal glycosuria）。当患者肾小管上皮细胞的膜转运蛋白功能缺陷时，即可导致葡萄糖的重吸收出现障碍而引起肾性糖尿。

三、离子通道蛋白异常与疾病

1. 囊性纤维化 编码离子通道蛋白的相关基因突变可导致严重的疾病。其中，囊性纤维化（cystic fibrosis，CF）是目前研究最多的离子通道异常疾病。囊性纤维化多累及肺、胰腺等，主要特点是全身外分泌腺分泌紊乱，临床表现为慢性咳嗽、咳大量黏液痰、长期慢性腹泻、吸收不良综合征以及生长发育迟缓等。本病是由于大量黏液阻塞全身外分泌腺而导致的慢性阻塞性疾病和胰腺功能不全，是致死率较高的常染色体隐性遗传病，在白种人中常见，亚洲人罕见发病。

研究发现，囊性纤维化跨膜转导调节因子（cystic fibrosis transmembrane regulator，CFTR）基因突变可导致囊性纤维化。CFTR 是位于细胞膜上的一种氯离子通道蛋白。在 cAMP 的介导下，CFTR 可发生磷酸化，引起氯离子通道开放，每分钟向胞外运输约 106 个 Cl^-。当 *CFTR* 基因突变（最常见的是编码第 508 位苯丙氨酸的密码子丢失）后，有缺陷的 CFTR 不能在内质网中被正常加工，因而大多数无法被运送到细胞膜；少数突变的 CFTR 蛋白即使能被转运到细胞膜，但由于结构异常，也会丧失 CFTR 离子通道蛋白的功能，导致上皮细胞无法将 Cl^- 转运到细胞外，而使 Cl^- 和水滞留于细胞内。囊性纤维化表现为多器官病变，如果累及呼吸道上皮细胞，则可造成气道中分泌物的含水量不足、黏度增高，纤毛摆动困难，不利于痰液外排，进而容易引发细菌感染，患者表现为慢性咳嗽、咳黏液痰，甚至呼吸困难。病变如果累及皮肤细胞，由于 Cl^- 外排障碍，则可导致汗腺细胞中的 Na^+ 重吸收困难，因此囊性纤维化患儿皮肤常有钠盐堆积。病变若累及胆管、肠及胰腺细胞，可导致类似功能障碍，引起相应的临床症状。

2. 骨性关节炎　锌离子在骨性关节炎的发病过程中起着重要的作用。锌离子是多种基质金属蛋白酶（matrix metalloproteinase，MMP）的重要结构成分。这些酶异常直接参与骨性关节炎的发病。与不同组织器官的功能相应，离子通道蛋白在不同组织器官的表达水平也存在差异。以锌离子转运蛋白——ZIP 蛋白（Zrt-/Irt-like protein）和 ZnT 转运蛋白（zinc transporter）为例。锌是人体内的一种必需微量元素，细胞内外锌离子转运及稳态的维持主要依靠锌转运蛋白来实现。根据锌离子转运方向，可将锌转运蛋白分为 ZIP 和 ZnT 两个蛋白家族。其中，ZIP 蛋白家族通过将胞外或细胞器内的金属离子转运到胞质内来提高胞内金属离子的浓度；ZnT 蛋白家族通过把胞质内的金属离子转运到胞外或者细胞器内来降低胞内金属离子的浓度。目前，在人体内共发现 14 个 ZIP（ZIP 1 ~ 14）和 10 个 ZnT（ZnT 1 ~ 10）蛋白家族成员。ZIP 和 ZnT 蛋白家族成员在人体器官和细胞器内的分布有很大的差异。例如，ZIP 4、ZnT 2、ZnT 4 和 ZnT 5 主要在小肠上皮细胞内表达，ZIP 5、ZIP 14 与 ZnT 10 主要分布在肝内，ZIP 8 则主要分布在胰腺、肺及血细胞内。大多数 ZIP 蛋白家族成员主要位于细胞质膜上，也有部分分布在细胞器内。少数 ZIP 蛋白（如 ZIP 7 和 ZIP 13）分布在细胞器内，如高尔基体、内质网或者溶酶体膜上。ZnT 蛋白家族成员多数位于细胞器和细胞质内，在细胞核内也有少量分布。膜蛋白 ZIP 8 能介导锌离子的转运，通过分析患有骨性关节炎的小鼠和患者的软骨组织，发现 ZIP 8 表达显著增加而成为锌离子转运蛋白——ZnT 蛋白和 ZIP 蛋白家族中表达量最高的成员。ZIP 8 的表达增加可使细胞内锌离子浓度增高，导致基质金属蛋白酶的表达显著增多，进而加重关节损伤。

四、膜受体异常与疾病

细胞膜受体在物质跨膜运输过程中起重要作用，特别是对介导某些生物大分子的胞吞作用，即所谓受体介导的胞吞作用。膜受体异常引起运输物质累积，导致疾病发生。

1. 家族性高胆固醇血症　家族性高胆固醇血症（familial hypercholesterolemia）是由于编码低密度脂蛋白（LDL）受体的基因突变而导致的疾病。由于细胞不能摄取 LDL 颗粒，引起血液中胆固醇浓度升高并沉积，使患者过早发生动脉粥样硬化和冠状动脉粥样硬化性心脏病（简称冠心病）。LDL 受体异常主要包括受体缺乏或受体结构异常，前者是指受体数目减少，后者是受体结构有缺陷。有的患者体内合成的 LDL 受体数目减少，如重型纯合子患者的 LDL 受体只有正常人的 3.6%，其血液中胆固醇含量比正常人高 6 ~ 10 倍，常在 20 岁左右即发生动脉硬化，并死于冠心病；轻型杂合子患者的 LDL 受体数目只有正常人的 1/2，可能在 40 岁左右发生动脉硬化而死于冠心病。另外，还有一些患者 LDL 受体数目正常，但 LDL 受体结构异常，受体与 LDL 的结合部位存在缺陷，因而不能与 LDL 结合，或者受体与有被小窝结合部位缺失而不能定位在有被小窝。例如，受体胞质结构域中第 807 位基因突变导致正常的酪氨酸突变为半胱氨酸，可使受体失去定位于包被小窝的能力。这些因素都会造成 LDL 受体介导的胞吞作用出现障碍，进而导致持续高胆固醇血症。

2. 重症肌无力　重症肌无力（myasthenia gravis）是一种累及神经肌肉接头处突触后

膜乙酰胆碱受体的自身免疫性疾病。虽然患者体内的 N 型乙酰胆碱受体（acetylcholine receptor，ACh receptor）含量正常，但是机体产生了抗神经肌接头处突触后膜乙酰胆碱受体（AChR）的自身抗体。自身抗体能与神经肌肉接头处突触后膜上的受体结合，导致乙酰胆碱不能与其受体结合，从而阻碍乙酰胆碱作为神经递质的作用；如果病情持续发展，则自身抗体可以促使乙酰胆碱受体分解，使患者体内的乙酰胆碱受体数量显著减少，导致疾病进一步恶化。乙酰胆碱是重要的神经递质，可参与神经系统的信号传递。缺乏乙酰胆碱的刺激可引发肌肉收缩障碍，即临床上所谓的重症肌无力。

小 结

　　细胞膜是位于细胞表面的一层薄膜，参与构成细胞与胞外环境之间物质交换的选择性屏障，在维持细胞内环境稳定、调节细胞正常生命活动的过程中起重要作用。另外，细胞膜还具有细胞识别、信号转导和细胞连接等许多复杂的功能。细胞膜主要由脂质、蛋白质和糖类构成。其中，膜脂主要包括磷脂、胆固醇和糖脂。磷脂在水溶液中能自动形成脂质双分子层，构成细胞膜的基本骨架。膜蛋白有跨膜蛋白、外周膜蛋白和脂锚定蛋白。细胞膜的功能主要通过膜蛋白完成。膜糖以糖脂和糖蛋白的形式存在，参与细胞与周围环境的相互作用。细胞膜的主要特性是流动性和不对称性。流动镶嵌模型是普遍被认同的细胞膜结构模型。

　　物质的跨膜运输是细胞膜的基本功能。小分子物质的运输分为被动运输和主动运输。被动运输是物质从高浓度向低浓度方向的运输，不需要能量。被动运输包括简单扩散和易化扩散。膜转运蛋白分为载体蛋白和通道蛋白。主动运输是由转运蛋白介导物质逆浓度梯度或电化学梯度进行的跨膜转运，需要消耗能量。Na^+-K^+ 泵具有 ATP 酶活性，可通过催化 ATP 水解而驱动其构型改变，以实现 Na^+ 和 K^+ 的对向运输。协同运输是指一种物质被动运输所产生的势能推动另一种物质进行主动运输的跨膜运输方式。动物细胞可通过胞吞和胞吐作用进行大分子与颗粒物质的运输。胞吞作用又分为吞噬作用和胞饮作用。吞噬作用是指细胞摄入大的颗粒物质或大分子复合物的过程。同时，细胞可通过胞饮作用摄入溶液和小分子物质。受体介导的胞吞作用是细胞通过受体的介导高效、特异地摄取胞外物质的一种途径。例如，LDL 受体依赖的胞吞作用是细胞摄取胆固醇的一种重要方式。胞吐作用分为连续性分泌和受调分泌两种形式。

（许彦鸣）

 习题

一、单项选择题

1. 膜脂的主要成分是
   A. 胆固醇　　　　　B. 脑苷脂　　　　　C. 糖脂　　　　　D. 磷脂
2. 生物膜的主要作用是
   A. 区域化　　　　　B. 合成蛋白质　　　C. 提供能量　　　D. 运输物质

3. 下列流动性好的生物膜类型是

    A. 胆固醇含量高   B. 不饱和脂肪酸含量高

    C. 脂肪酸链长   D. 鞘磷脂 / 卵磷脂比例高

4. 生物膜的液态流动性主要取决于

    A. 蛋白质   B. 多糖   C. 脂类   D. 糖蛋白

5. 膜结构功能的特殊性主要取决于

    A. 膜中的脂类   B. 膜中蛋白质的组成

    C. 膜中糖类的种类   D. 膜中脂类与蛋白质的关系

6. 关于细胞膜上糖类的描述不正确的是

    A. 脂膜中糖类的含量占脂膜重量的 2% ~ 10%

    B. 主要以糖蛋白和糖脂的形式存在

    C. 糖蛋白和糖脂上的低聚糖侧链从生物膜的胞质面伸出

    D. 糖蛋白中的糖类对蛋白质膜的性质影响很大

7. 大分子颗粒进入细胞的方式是

    A. 扩散作用   B. 吞饮作用   C. 吞噬作用   D. 胞吐作用

8. 主动运输与胞吞作用的共同点是

    A. 运输大分子物质   B. 逆浓度梯度转运

    C. 需要载体蛋白帮助   D. 消耗代谢能量

二、简答题

1. 比较简单扩散与协助扩散的异同点。

2. 简述流动镶嵌模型的主要内容。

3. 以胆固醇为例,介绍受体介导的胞吞作用的过程和特点。

4. 说明钠钾泵的工作原理及其生物学意义。

5. 试述质膜的基本特性及其与质膜功能的关系。

6. 试述小分子物质运输和大分子物质运输的区别。

第三章　细胞内膜系统

内膜系统（endomembrane system）是指位于细胞质内，在结构、功能甚至发生上有密切联系的膜性结构的总称，包括内质网、高尔基复合体、溶酶体、各种转运小泡（囊泡）及核膜等膜结构（图 3-1）。过氧化物酶体是否属于内膜系统目前还存在争议，但按习惯仍将其纳入本章内容进行介绍。

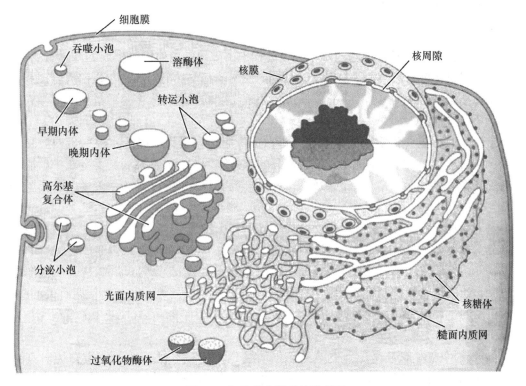

图 3-1　细胞的内膜系统模式图

作为真核细胞区别于原核细胞的重要标志之一，内膜系统的产生是在漫长的历史演化过程中，细胞内部结构不断分化、完善和生理功能逐渐提高的结果。内膜系统的出现使细胞发生分室化（compartmentalization），使细胞内不同的生理和生化过程能彼此相对独立、互不干扰地进行，同时还有效地增加了细胞内膜的表面积，极大地提高了细胞的整体代谢水平和功能效率。内膜系统各成员间通过膜泡运输及各种质量监控体系维持该系统的动态平衡，最终表现为细胞内在结构和功能的整体性及其与外环境之间相互作用的高度统一性。

第一节 内 质 网

1945 年，波特（K.R. Porter）等在电镜下观察体外培养的小鼠成纤维细胞时，首次发现在细胞质内广泛分布着由小管、小泡连成的网状结构，因其集中分布于靠近细胞核附近的细胞质（内质）区域，因此将其命名为内质网（endoplasmic reticulum，ER）（图 3-2）。现已证实，内质网广泛分布于除成熟红细胞以外的所有真核细胞的细胞质内，但并非局限于细胞质的内质区，也常延伸到靠近细胞膜的外质区。内质网体积一般占细胞总体积的10% 以上，但其膜面积很大，约占细胞膜系统的 50%。

一、内质网的化学组成

应用超速离心的方法，可以从细胞匀浆液中分离出大量直径为 100 nm 左右的微粒体（microsome）。微粒体是在细胞匀浆和离心过程中由破碎的内质网膜形成的球形密闭囊泡，包含内质网膜和核糖体两种基本组分，具有内质网的基本功能，如参与蛋白质合成和蛋白质糖基化等。目前对于内质网的化学组成与生理功能的认识，大多是通过体外对微粒体的研究而获得的。

内质网膜的主要化学成分是脂类和蛋白质。脂类含量为 30% ~ 40%；蛋白质含量为60% ~ 70%。以大鼠肝细胞和胰腺细胞来源的微粒体为例，内质网膜脂类分子中磷脂含量最高，其比例大致是：磷脂酰胆碱约占 55%，磷脂酰乙醇胺占 20% ~ 25%，磷脂酰丝氨酸占 5% ~ 10%，磷脂酸肌醇占 5% ~ 10%，鞘磷脂占 4% ~ 7%。

内质网膜上所含的蛋白质及酶类种类多样，其中酶类有 30 种以上。根据其功能特性，大致分为以下几种类型：①与解毒功能有关的酶类，主要由细胞色素 P450、NADPH- 细胞色素 c 还原酶、NADH- 细胞色素 b5 还原酶、细胞色素 b5 等构成；②与脂质代谢相关的酶类，如脂酰 CoA 连接酶、胆固醇羟基化酶、磷脂转位酶等；③与糖代谢有关的酶类，如内质网的主要标志酶，葡萄糖 -6- 磷酸酶（glucose 6 phosphatase，G-6-P）等；④与蛋白质加工和运转有关的酶类。

在内质网腔内普遍存在一类被称为网质蛋白（reticulo-plasmin）的蛋白质。其共同特点是多肽链的羧基端（C 端）均含一个由 4 个氨基酸残基构成的驻留信号（retention signal），如 KDEL（Lys-Asp-Glu-Leu，即赖氨酸 - 天冬氨酸 - 谷氨酸 - 亮氨酸）或 HDEL（His-Asp-Glu-Leu，即组氨酸 - 天冬氨酸 - 谷氨酸 - 亮氨酸）。内质网驻留信号通过识别受体并与之结合而使蛋白质驻留在内质网中，或者引导蛋白质由高尔基复合体返回和驻留在内质网中。网质蛋白的主要功能是参与蛋白质的正确折叠和转运，主要包括：免疫球蛋白重链结合蛋白质（immunoglobulin heavy chain binding protein，BiP）、钙网蛋白（calreticulin）、葡萄糖调节蛋白 94（glucose regulated protein 94，GRP 94）、钙连蛋白

（calnexin）、蛋白质二硫键异构酶（protein disulfide isomerase，PDI）等。

二、内质网的形态结构和类型

内质网是由一层平均厚度为 5 ~ 6 nm 的单位膜围成的管状、泡状和囊状结构，这些结构彼此连通构成一个连续的、内腔相通的膜性网状系统图 3-2。内质网在靠近细胞膜的部分可与细胞膜内褶相连，在靠近细胞核的部位可与外核膜相连。不同细胞或同种细胞在不同的生理功能状态下，内质网的形态、数量及分布差异很大。例如，鼠肝细胞中存在管状、泡状和囊状的内质网，但睾丸间质细胞中大部分为小管或小泡状的内质网。通常情况下，胚胎期的细胞，其内质网相对不发达，结构较简单，随着细胞的逐渐分化，内质网数目由少到多，结构也越来越复杂，可由单管状到复管状，或者从疏网状到密网状。

根据是否有核糖体附着，可将内质网分为糙面内质网（rough endoplasmic reticulum，RER）和光面内质网（smooth endoplasmic reticulum，SER）两种基本类型。

（一）糙面内质网

糙面内质网因膜表面有核糖体附着而得名，其形态多呈扁平囊状，排列整齐，主要参与外输性蛋白质及多种膜蛋白的合成、加工及转运。糙面内质网在分泌活动旺盛的细胞（如胰腺细胞和浆细胞等）中含量较多，而在某些未分化细胞和肿瘤细胞中较少。

（二）光面内质网

光面内质网多为分支管状或泡样结构，在一定部位可与糙面内质网、外核膜及高尔基复合体相连，偶尔可见其与质膜相连。光面内质网是一种多功能细胞器，在不同细胞或不同状态下的同种细胞中，其形态、分布和发达程度差异较大。例如，肌细胞中的肌质网（sarcoplasmic reticulum）是一种特化的光面内质网；另外，在肝细胞和分泌类固醇激素的细胞中，光面内质网的含量也较多。

两种类型的内质网在不同组织细胞中的分布状况有所不同。有的细胞内均为糙面内质网；有的则全部为光面内质网；有的细胞则两者皆有，但其比例不同，并且可随细胞的发育阶段、功能状态的不同而相互转化。

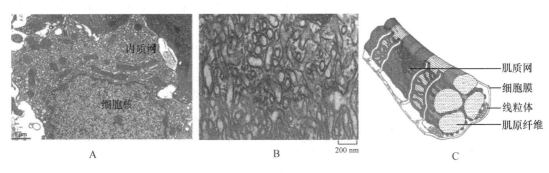

图 3-2　内质网的形态结构

A. 睾丸间质细胞内质网透射电镜图；B. 光面内质网透射电镜图；

C. 横纹肌细胞肌质网立体结构模式图

三、内质网的功能

（一）糙面内质网的主要功能

糙面内质网的主要功能是参与蛋白质的合成、修饰、加工、分选及转运。

1. 参与蛋白质的合成　细胞内蛋白质的合成均起始于细胞质中的游离核糖体。有的蛋白质刚合成后即随核糖体转移至内质网膜上，继续参与肽链延伸并完成蛋白质的合成，如抗体、肽类激素和细胞外基质成分等分泌蛋白质，内质网、高尔基复合体和溶酶体等细胞器中的驻留蛋白，以及位于内质网、高尔基复合体、溶酶体和细胞膜的跨膜蛋白。那么，这些位于细胞质中的游离核糖体如何附着于内质网膜，新生的分泌蛋白质多肽链如何穿越内质网膜而转移到内质网腔？信号假说给予了一个合理的解释。

信号肽是指导蛋白质多肽链在糙面内质网上的合成与穿膜转移的决定因素。1975 年，科学家布洛贝尔（G. blobel）等提出了蛋白质分选的信号假说（signal hypothesis），认为引导蛋白质多肽链在糙面内质网上合成的决定因素是信号肽（signal peptide）或信号序列（signal sequence）。信号肽是普遍存在于所有分泌蛋白质多肽链氨基端、由数目和种类各异的氨基酸组成的疏水氨基酸序列。信号肽引导蛋白质多肽链穿越内质网膜的基本过程如图 3-3 所示。

（1）分泌蛋白质新生多肽链的合成：始于细胞质中的游离核糖体。当新生肽链 N 端的信号肽被翻译后，就会立即被细胞质中的信号识别颗粒（signal recognition particle，SRP）识别并结合。SRP 是由 1 个 7 S RNA 和 6 个蛋白质亚基构成的复合体（图 3-3A）。SRP 的一端与信号肽结合，另一端可与核糖体结合并占据核糖体的氨酰 tRNA 结合位点（简称 A 位），形成 SRP- 核糖体复合体，使多肽链的合成暂时终止。

（2）新生多肽链的延伸：内质网膜上的信号识别颗粒受体（signal recognition particle receptor，SRP receptor）识别并结合 SRP- 核糖体复合体，并介导核糖体锚泊在内质网膜的转运体（translocon，translocator）上，SRP 随之从复合物中解离并返回到细胞质中循环使用。SRP 解离后，核糖体上的 A 位即暴露，使多肽链得以继续延伸（图 3-3B）。

（3）新生肽链穿膜进入内质网腔：新生肽链通过核糖体大亚基中央管和转运体共同形成的通道穿膜进入内质网腔。信号肽进入内质网腔后，可被内质网膜腔面的信号肽酶（signal peptidase）切除，使新生肽链继续延伸，直至翻译完成（图 3-3C、D）。然后，核糖体大、小亚基解聚，并从内质网膜上解离。

转运体又称易位蛋白质，是一种位于糙面内质网膜上的多蛋白质复合体，可形成外径约为 8.5 nm、中央孔直径约为 2 nm 的亲水性通道。信号肽的结合可以诱导通道开启，使得新生肽链能穿越内质网膜进入内质网腔（图 3-3E）。多肽链完全转移后，该通道即变为关闭状态。

2. 参与新生多肽链的折叠与装配　蛋白质的基本理化性质取决于多肽链的氨基酸组成和排列顺序，而维持蛋白质结构的稳定性与正常功能，需要多肽链按照特定的方式折叠成高级的三维空间结构。不同的蛋白质在内质网停留的时间不同，主要取决于蛋白质正确折叠所需要的时间，而且有的多肽还需要组装成多亚基寡聚体。内质网为新生多肽链的正确折叠和装配提供了有利条件。不能正确折叠的蛋白质通常会从内质网腔被转运至细胞

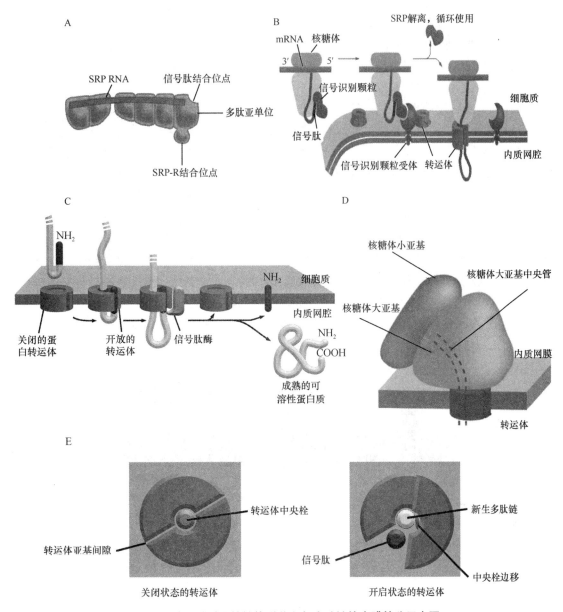

图 3-3　信号肽引导核糖体附着和新生肽链的穿膜转移示意图
A. SRP 结构示意图；B. 信号肽和 SRP 引导核糖体到达内质网；C. 蛋白质穿越内质网膜进入内质网腔；
D. 转运体与核糖体大亚基中央管形成的转移通道；E. 转运体断面示意图

质，随后通过蛋白酶体被降解。内质网中富含氧化型谷胱甘肽，这是多肽链上的半胱氨酸残基之间形成二硫键的必要条件。蛋白质二硫键异构酶附着在内质网膜的腔面，可促进二硫键的形成，并能加快多肽链折叠的速度。另外，内质网中还存在网质蛋白（如 GRP 94、钙网蛋白等），它们可识别并结合折叠错误的多肽或者还未完成装配的蛋白质，使之滞留在内质网的同时，还能促使其重新折叠、装配与运输。某些情况（如缺氧、病毒感染或者重要蛋白质突变时）可导致未折叠或者错误折叠的蛋白质在内质网异常聚积，从而引起未折叠蛋白反应（unfolded protein response，UPR）。未折叠蛋白反应可促使内质网腔内的分子伴侣（如 BiP 等）和折叠酶表达升高，以帮助蛋白质的正确折叠和组装，进而防止异常蛋白质蓄积。因此，在蛋白质合成过程中，内质网具有质量控制器的作用，即通过发挥纠错功能，达到蛋白质质量监控的目的。

3. 参与蛋白质的糖基化　糖基化（glycosylation）是指蛋白质在合成时或者合成后，在酶的作用下与单糖或寡糖链共价结合形成糖蛋白的过程。大多数糙面内质网参与合成和转运的蛋白质均可发生糖基化修饰，这种修饰对于蛋白质的折叠、分选及定位具有重要意义。发生在糙面内质网中的糖基化修饰主要是寡糖链与蛋白质天冬酰胺残基侧链上氨基氮原子的结合，称为 N- 糖基化，与天冬酰胺直接连接的均为 N- 乙酰葡糖胺。首先，以内质网膜中的脂质分子多萜醇为载体，合成含有 14 个糖基（即 2 分子 N- 乙酰葡糖胺、9 分子甘露糖和 3 分子葡萄糖）的寡糖链。然后，在内质网膜腔面糖基转移酶的催化下，寡糖链从多萜醇转移至肽链的糖基化位点（Asn-X-Ser/Thr，X 为除 Pro 以外的任意氨基酸）序列中的天冬酰胺残基上，形成糖蛋白（图 3-4）。该结构与成熟糖蛋白中的寡糖结构有较大的差异，这表明在蛋白质成熟过程中，N- 糖基化需要进一步修饰。如在糙面内质网内，常将寡糖链上的 3 个葡萄糖和 1 个甘露糖分子切除，再将其转移至高尔基复合体进一步加以修饰。

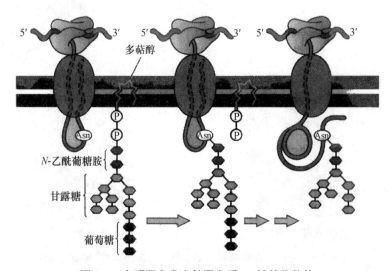

图 3-4　内质网中发生的蛋白质 N- 糖基化修饰

4. 参与蛋白质的胞内运输　糙面内质网参与合成的各种外输性蛋白质经过内质网的修饰、加工，最终被内质网膜包裹（常为光面内质网），以出芽的方式形成膜性小泡。这些膜性小泡的转运主要有两条途径：一条途径是进入高尔基复合体，进一步加工、修饰，最终以分泌颗粒的形式通过胞吐作用排出到细胞外，这是最普通和最常见的蛋白质分泌途径；另一条途径是直接进入大浓缩泡，进而发育成酶原颗粒并暂时停留在细胞质中，在细胞外信号的刺激下才分泌到细胞外，这条途径常见于哺乳动物的分泌细胞。

（二）光面内质网的功能

内质网是细胞内脂质合成的主要场所，包括磷脂和胆固醇在内的几乎全部膜脂均由内质网合成。

1. 参与脂质的合成与转运　参与脂质的合成是光面内质网最重要的功能之一。内质网可以将小肠吸收的甘油、甘油单酯（即单酰甘油）和脂肪酸重新合成为甘油三酯（即三酰甘油）。这些脂类常与糙面内质网合成的蛋白质结合形成脂蛋白，然后通过高尔基复合体分泌到细胞外。而在类固醇激素分泌旺盛的细胞中，光面内质网较为发达且存在与类固醇代谢相关的关键酶。除线粒体特有的两种磷脂外，细胞所需的全部膜脂（如磷脂、胆固醇和糖脂等）几乎都是由光面内质网合成的（图3-5）。例如，合成磷脂所需的三种酶都定位在内质网膜上，其活性部位朝向细胞质基质侧，底物来自细胞质基质。磷脂的主要合成过程：①脂酰辅酶A和甘油磷酸在脂酰基转移酶催化下生成磷脂酸。磷脂酸不溶于水，可直接插入内质网膜胞质面一侧。②在磷酸酶的作用下，甘油分子的两个羟基与脂肪酸酯化，生成二酰甘油（又称甘油二酯）；③在胆碱磷酸转移酶催化下，二酰甘油分子上添加一个极性基团，从而形成磷脂酰胆碱等双亲性脂质分子（图3-5）。

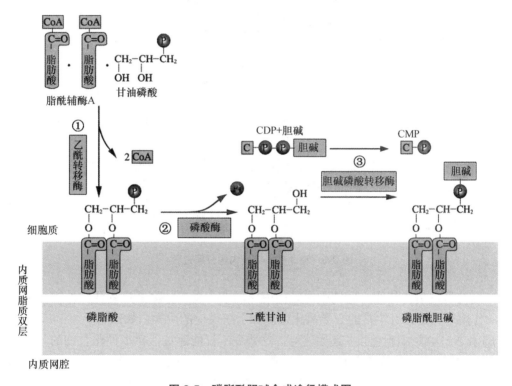

图 3-5　磷脂酰胆碱合成途径模式图

这些新合成的磷脂均位于内质网膜胞质侧，数分钟后即在翻转酶（flippase）的作用下转移到内质网腔面。在内质网膜上合成的磷脂通过三种可能的机制转移至其他膜结构部位：①以出芽方式形成转运囊泡转运到高尔基复合体、溶酶体和细胞膜。②与水溶性的磷脂交换蛋白（phospholipid exchange protein，PEP）结合形成复合体，进入细胞质基质，再通过自由扩散转运到线粒体和过氧化物酶体等缺少磷脂的细胞器膜上。③通过整合膜蛋白介导的膜与膜的直接接触。

2. 参与糖原代谢　糖原代谢包括糖原的合成与分解。光面内质网是否参与糖原的合成目前还存在争议，但其参与了糖原的分解代谢。肝细胞光面内质网膜胞质侧附着有许多糖原颗粒，当机体需要化学能（如饥饿）时，糖酵解途径和磷酸戊糖代谢途径被抑制，糖原被细胞质基质中的糖原磷酸化酶降解生成葡糖 -1- 磷酸，并进一步转化为葡糖 -6- 磷酸。然后，位于光面内质网膜上的葡糖 -6- 磷酸酶催化葡糖 -6- 磷酸去磷酸化而生成葡萄糖（图 3-6）。

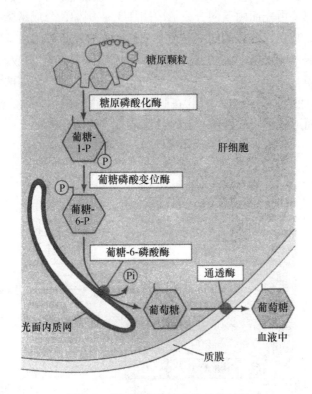

图 3-6　糖原在肝细胞内的分解过程

3. 参与肝的解毒作用　肝细胞内光面内质网较为发达，除了具有合成外输性脂蛋白颗粒的作用外，还含有丰富的介导氧化还原和水解反应的酶类，如细胞色素 P450、细胞色素 b5 和 NADPH- 细胞色素 c 还原酶等。这些酶不仅能通过催化多种化合物的氧化或羟化反应钝化或破坏化合物的毒性，而且能通过羟化作用增加产物的极性，使之易于排出体外，进而发挥肝的解毒作用。例如，氨基酸代谢生成的氨在内质网的作用下，可形成无毒的尿素而被排泄；巴比妥类药物可在葡糖醛酸转移酶的催化下与葡糖醛酸结合，形成水溶性物质而利于排泄。但也有部分毒物或药物经氧化作用后毒性反而增强，如黄曲霉毒素经过肝代谢后毒性急剧增强，可引起肝急性病变，严重时可导致肝癌甚至死亡。

4. 参与 Ca^{2+} 储存和 Ca^{2+} 浓度调节　内质网具有储存 Ca^{2+} 的功能。在骨骼肌和心肌细胞中，光面内质网异常发达，并能特化成为一种特殊结构——肌质网。肌质网膜上存在大量的 Ca^{2+}-ATP 酶（Ca^{2+} 泵），称为肌质网钙 ATP 酶（sarcoplasmic reticulum Ca^{2+}-ATPase，SERCA）。肌质网 Ca^{2+} 泵可持续不断地将胞质中的 Ca^{2+} 泵入内质网腔内储存起来；当受到神经冲动或者细胞外信号物质的刺激时，肌质网内的 Ca^{2+} 可释放到细胞质基质而引起肌细胞收缩。

四、内质网与医学

（一）内质网形态结构与功能异常

内质网是一种敏感的细胞器，许多不良因素（如缺氧、辐射、中毒、感染以及化学药物损伤等）的刺激均可导致内质网形态和结构发生改变，进而引起其功能异常。

内质网肿胀、肥大、脱颗粒和囊池塌陷是最常见的病理改变。内质网肿胀主要是因为钠离子和水分的渗入和内流所致，最终可导致内质网膜破裂。某些药物可使光面内质网出现代偿性肥大，这是药物经由内质网解毒或降解的表现；在糖原贮积症 I 型患者中，可以观察到内质网膜断离并伴随核糖体颗粒脱落的典型改变；膜的脂质过氧化损伤导致的合成障碍则常可表现为内质网囊池塌陷。

（二）内质网应激与疾病

当细胞受到外界各种理化因素（如紫外线、缺氧、营养缺乏、病毒感染和氧化应激等）刺激时，可引起内质网生理功能紊乱，钙稳态失衡，未折叠或错误折叠的蛋白质在内质网腔内异常聚集，使内质网由正常状态转变为应激状态，称为内质网应激（endoplasmic reticulum stress）。内质网应激主要激活以下三条信号通路：①未折叠蛋白反应（unfold protein response，UPR）：通过增加内质网内分子伴侣和折叠酶的表达，帮助未折叠或者错误折叠的蛋白质重新正确折叠，防止内质网腔内异常蛋白质聚集；②内质网超负荷反应（endoplasmic reticulum overload response，EOR）：可激活细胞存活、细胞炎症反应和细胞凋亡等相关信号途径；③固醇调节级联反应：当内质网表面胆固醇合成不足时，可激活固醇调节元件结合蛋白（sterol regulatory element binding protein，SREBP），从而调节相关基因表达。发生内质网应激时，细胞通过上述途径维持稳态，如果损伤后不能及时修复，则会启动细胞凋亡程序。因此，内质网应激是一种保护性应激反应，是细胞内监控蛋白质合成质量的重要机制。

内质网应激与多种疾病的发生有关，如非酒精性脂肪性肝病、糖尿病、动脉粥样硬化、肿瘤和神经退行性疾病等。蛋白质沉积是许多神经退行性疾病的共同病理特征。各种原因引起的蛋白质沉积及由此引发的胶质细胞激活、局部炎症反应、氧化应激、代谢失衡、低氧状态、钙离子浓度紊乱等都可能干扰蛋白质在内质网中的折叠，进而引发内质网应激。内质网应激可影响神经信号传递及轴突运输，并能激活与细胞死亡等有关的信号通路。

第二节　高尔基复合体

1898 年，意大利科学家高尔基（C. Golgi）使用镀银法在猫头鹰脊髓神经节中观察到一种网状结构，命名为内网器。随后在多种细胞中均发现了类似结构，后人为了纪念 Golgi 而将该结构命名为高尔基体（Golgi body）。但在此后很长一段时间，对高尔基体的形态甚至存在与否都存在着很大的争议。直到 20 世纪 50 年代应用电镜技术才证实高尔基体是由多个膜性结构堆叠而成的复合体，所以又将其更名为高尔基复合体（Golgi complex）。

一、高尔基复合体的化学组成

作为一种膜性细胞器，高尔基复合体膜的化学成分主要为脂质和蛋白质。

（一）高尔基复合体膜的脂质成分

大鼠肝细胞内高尔基复合体膜的化学成分分析结果显示，其脂质总含量约为 45%，各种脂质成分的含量介于内质网膜和细胞膜之间（表 3-1）。

表 3-1　内质网膜、高尔基复合体膜和细胞膜的脂质组成比较　　　　　　　　　　（%）

膜的类型	脂质总含量	磷脂类型				
		神经鞘磷脂	磷脂酰胆碱	磷脂酰乙醇胺	磷脂酰丝氨酸	胆固醇
内质网膜	61.0	3.4	47.8	36.8	5.6	0.12
高尔基复合体膜	45.0	14.2	31.4	36.5	4.7	0.47
细胞膜	40.0	19.2	32.0	34.4	4.6	0.51

（二）高尔基复合体所含的蛋白质

高尔基复合体膜及腔内含有丰富的蛋白质和酶类，而且不同结构区域内所分布的酶类及其含量不同，这表明高尔基复合体不同的结构部分存在功能上的差别（表 3-2）。糖基转移酶是高尔基复合体的主要标志酶，可参与糖蛋白和糖脂的合成。

表 3-2　高尔基复合体不同结构区域中几种重要酶的分布

酶	顺面扁囊	中间扁囊	反面扁囊	酶	顺面扁囊	中间扁囊	反面扁囊
半乳糖基转移酶	−	−	+	酸性磷酸酶	−	−	+
乙酰葡糖胺转移酶 I	−	+	−	磷脂酶	−	+	−
甘露糖苷酶 I	+	−	−	核苷二磷酸酶	−	−	+
甘露糖苷酶 II	−	+	−	NADP 酶系	−	+	−
脂肪酰基转移酶	+	−	−	5′- 核苷酶	+	+	+
唾液酰基转移酶	−	−	+	腺苷酸环化酶	+	+	+

二、高尔基复合体的形态结构

电镜下可见，高尔基复合体在细胞质中近核部位，是由小泡、扁平膜囊和大囊泡堆叠而成的囊泡状膜性细胞器。其中，扁平膜囊称为潴泡（cisterna），多呈弓形或半球形。通常由 3 ~ 8 个排列较为整齐的扁平膜囊堆叠成高尔基复合体的主体结构，即高尔基堆。每个扁平膜囊都由一层厚度为 6 ~ 8 nm 的单位膜围成，囊腔宽 15 ~ 20 nm；相邻扁平膜囊间的距离为 20 ~ 30 nm。扁平膜囊的凸面常朝向细胞核或内质网，称为顺面（cis-face）、形成面（forming face）或未成熟面，此囊膜较薄（约 6 nm），与内质网膜相似；其凹面朝向细胞膜，称为反面（trans-face）、成熟面（mature face）或分泌面，囊膜较厚（约 10 nm），与质膜相似。小泡（小囊泡）直径为 40 ~ 80 nm，目前多认为小泡是由附近的粗面内质网芽生而来，可以相互融合形成扁平膜囊。大囊泡（液泡）直径为 100 ~ 500 nm，由扁平膜囊末端膨大、离断而成（图 3-7）。由此可见，高尔基复合体是具有极性的细胞器。物质从高尔基复合体的一侧输入，再从另一侧输出，在完成细胞内物质转运的同时，也使扁平囊泡的结构及内容物得以不断更新。

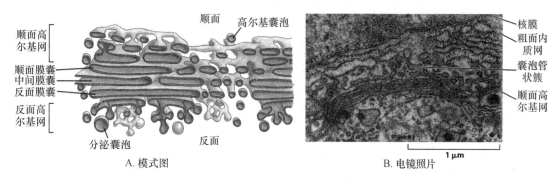

图 3-7 高尔基复合体的形态结构

通过对高尔基复合体的电镜观察、细胞化学分析和三维结构重建可知，高尔基复合体是一个复杂的连续的极性结构，可以将高尔基复合体从顺面到反面，依次划分为三个具有功能和结构特征的组成部分。

（一）顺面高尔基网

顺面高尔基网（cis-Golgi network，CGN）是指靠近内质网一侧，由高尔基复合体顺面的扁平膜囊和聚集在其周围的小泡构成的连续分支的管网状结构。顺面高尔基网的主要功能是：①对内质网合成的蛋白质和脂类进行分选，将大部分转运到中间高尔基网，小部分遣返回内质网；②进行蛋白质修饰，如蛋白质 *O*-糖基化等。

（二）高尔基中间膜囊

高尔基中间膜囊由扁平膜囊堆叠而成，是高尔基复合体最具特征的主体结构部分，主要参与糖基化修饰、糖脂及多糖的合成。

（三）反面高尔基网

反面高尔基网（trans-Golgi network，TGN）朝向细胞膜一侧，是由高尔基复合体反面的扁平膜囊和附近的大囊泡连接成的网络结构，主要功能是分选蛋白质及进行蛋白质加工和修饰，如水解、硫酸化等。

在某些类型的细胞中，高尔基复合体的形态和位置比较恒定，如在神经元常位于核周围；在肝细胞多位于细胞核与毛细胆管间的区域；而在具有极性的细胞（如胰腺细胞、肠黏膜上皮细胞等）内，则一般位于细胞核附近，并趋向一极分布。

在不同种类的细胞中，高尔基复合体的数量也会有所不同。在分化成熟且具有分泌功能的细胞（如杯状细胞、胰腺外分泌细胞、唾液腺细胞、小肠上皮细胞等）内，高尔基复合体一般比较发达。即使在同一类型的细胞中，高尔基复合体的结构和数量也会随细胞生理状态的不同而发生改变，细胞功能旺盛时大而多，细胞衰老时则变得小而少，甚至消失。

三、高尔基复合体的功能

高尔基复合体的功能主要是将糙面内质网合成的蛋白质进行加工、分选和包装，再分送到细胞的不同部位（如溶酶体）或者分泌到细胞外。此外，高尔基复合体也是糖类合成的主要场所。同时，内质网合成的一部分脂质也可通过高尔基复合体进行修饰并转运到细胞膜或溶酶体膜。

（一）高尔基复合体是细胞内蛋白质运输和分泌的中转站

科学家帕拉德（G. Palade）等用 ^{3}H-亮氨酸脉冲标记观察豚鼠胰腺细胞的胰岛素合成过程，脉冲标记 3 min 后标记的亮氨酸出现在内质网中；约 20 min 后，亮氨酸从内质网进入高尔基复合体；120 min 后出现在分泌颗粒并开始释放。该实验清楚地显示了高尔基复合体参与分泌蛋白质在细胞内的转运过程。这些转运囊泡的可能途径和去向主要有三条：①溶酶体酶以包被囊泡的方式转运到溶酶体；②分泌蛋白质以包被囊泡的方式到达细胞膜，与细胞膜融合后再分泌到细胞外；③分泌蛋白质以包被囊泡的方式暂时贮存在细胞质内，在细胞外信号的作用下再分泌到细胞外（图 3-8）。

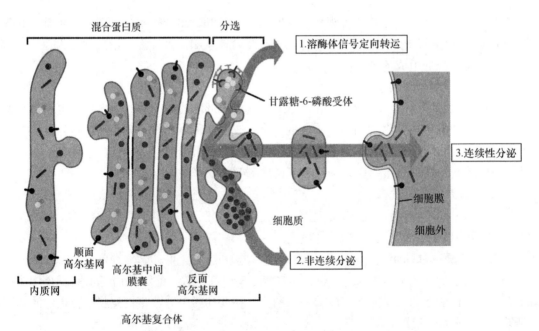

图 3-8　高尔基复合体分选形成的转运囊泡的可能途径和去向

（二）高尔基复合体是蛋白质加工的重要场所

高尔基复合体内含大量丰富的酶类，可以通过催化多种反应对蛋白质或脂质进行加工和修饰，主要有以下几种类型。

1. 蛋白质的糖基化　在糙面内质网中合成并经高尔基复合体转运的蛋白质，绝大多数都要经糖基化修饰后形成糖蛋白。*N*- 糖基化与修饰始于内质网，在高尔基复合体内完成。*O*- 糖基化则在高尔基复合体内进行，是指在酶催化下将寡糖链结合到丝氨酸、苏氨酸或其他带有羟基的氨基酸残基侧链羟基的氧原子上。通常由不同的糖基转移酶催化，每次加上一个单糖，最后在高尔基体反面膜囊或反面高尔基网中加上唾液酸残基，从而完成糖基的加工和修饰。

蛋白质糖基化的意义在于：①保护蛋白质，使其免遭水解酶的降解；②作为运输信号，引导蛋白质包装成运输小泡，并进行蛋白质的靶向运输；③形成细胞膜表面的糖萼，起到细胞保护、细胞识别及细胞间通信联络等重要作用。

2. 蛋白质（或酶）的水解　蛋白质的水解修饰是高尔基复合体加工和修饰功能的另一种形式。某些肽类激素和神经肽在转运到反面高尔基网后，需要在蛋白水解酶作用下被特异性水解，才能成为有生物活性的多肽。例如，内质网中合成的人胰岛素原由 86 个氨基酸残基组成，包括 A、B 两条肽链和具有连接作用的 C 肽；转运到高尔基复合体后，C 肽被水解，才成为有活性的胰岛素（图 3-9）。

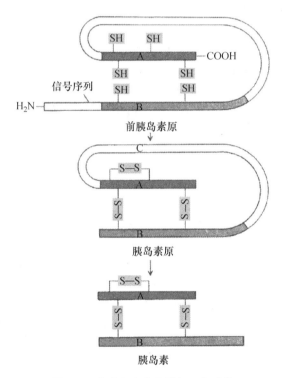

图 3-9　人胰岛素分子的加工与成熟

3. 溶酶体酶的磷酸化　溶酶体酶由糙面内质网合成并进行 *N*- 糖基化修饰。被运输到高尔基复合体的顺面高尔基网时，溶酶体酶的甘露糖基被磷酸化为甘露糖 -6- 磷酸（mannose-6-phosphate，M-6-P），M-6-P 是溶酶体酶的分选信号。甘露糖基的磷酸化，不仅使溶酶体酶免受高尔基复合体中甘露糖苷酶的切割，还能阻止 *N*- 乙酰葡糖胺、半乳糖、唾液酸等掺入而形成其他分泌蛋白质。

此外，蛋白聚糖类的硫酸化等也都是在高尔基复合体的转运过程中发生和完成的。

四、高尔基复合体与医学

高尔基复合体是一种敏感的细胞器，在各种因素影响下均可出现形态学改变。

1. 高尔基复合体肥大与萎缩　当细胞分泌功能亢进或代偿功能亢进时，常会伴随高尔基复合体肥大。例如，在大鼠实验性肾上腺皮质再生实验中，当腺垂体细胞分泌促肾上腺皮质激素时，高尔基复合体显著肥大；肾上腺皮质再生完毕后，促肾上腺皮质激素分泌减少，高尔基复合体结构又恢复正常。

细胞中毒后，高尔基复合体的结构也会发生变化。例如，毒性物质（如乙醇等）可引起肝细胞内脂蛋白合成减少和分泌功能丧失，诱发脂肪肝。此时肝细胞内高尔基复合体萎缩、破坏或消失，脂蛋白颗粒明显减少甚至消失。

2. 肿瘤细胞内高尔基复合体的变化　肿瘤细胞内高尔基复合体的数量、形态结构和发达程度与其分化程度密切相关。例如，低分化的大肠癌细胞中高尔基复合体位于细胞核周围，仅为一些分泌小泡聚集在一起；而高分化的大肠癌细胞中高尔基复合体发达，可观察到典型、完整的形态。

3. 黏脂贮积症 II 型　又称包涵体病（inclusion cell disease），简称 I 细胞病。由于细胞内高尔基复合体的顺面高尔基网中缺乏 N- 乙酰氨基葡糖磷酸转移酶，不能形成溶酶体酶的分拣信号 M-6-P，因此溶酶体酶不能被反面高尔基网中的 M-6-P 受体识别和分拣而直接分泌到细胞外，使得患者细胞内的溶酶体中没有溶酶体酶，而血液中含有大量溶酶体酶。这类患者溶酶体中贮积大量未被消化的底物，形成包涵体（inclusion）。包涵体内沉积着中性、酸性黏多糖和黏脂。患儿出生时即可出现先天性髋关节脱位、骨骼异常、全身肌张力低下等多种异常表现。

第三节　溶　酶　体

1949 年，科学家德·迪夫（C. de Duve）在对大鼠肝组织匀浆进行差速离心时，意外发现在线粒体分层组分中存在另一种细胞器。这一推断于 1955 年通过电镜观察鼠肝细胞而得到证实。这种膜性细胞器因内含多种水解酶而被命名为溶酶体（lysosome）。

一、溶酶体的形态结构和特性

溶酶体几乎存在于所有动物细胞中，是由一层厚约 6 nm 的单位膜围成的球状小体（图 3-10）。溶酶体是一种高度异质性（heterogeneity）的细胞器，其大小、形态差异显著，直径一般为 0.2 ~ 0.8 μm，最大的可超过 1 μm，而最小的仅为 0.025 μm。一个典型的动物细胞中含有数百个溶酶体，但是不同细胞中溶酶体的数量差异较大。即使在同一细胞的不同生理功能阶段，其溶酶体的数量和形态也不尽相同。不同溶酶体内所含水解酶的种类也具有很大的差异，由此表现出不同的生理或生化性质。

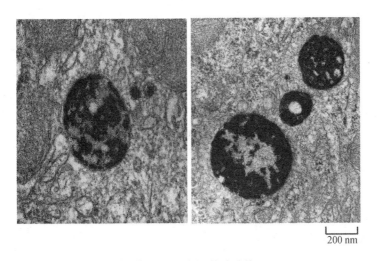

200 nm

图 3-10　电镜下的溶酶体

虽然溶酶体具有高度异质性，但是仍具有以下几个共同特性（图 3-11）。

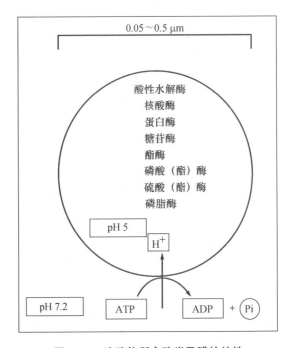

图 3-11　溶酶体所含酶类及膜的特性

1. 含有多种酸性水解酶　溶酶体内含有丰富的酸性水解酶，目前已发现 60 多种溶酶体酶，包括蛋白酶、核酸酶、脂酶、磷酸酶、糖苷酶和溶菌酶等。这些酶的最适 pH 通常为 3.5 ~ 5.5，故又称为酸性水解酶。其中，酸性磷酸酶为溶酶体的主要标志酶。

2. 腔内为酸性环境　溶酶体膜上镶嵌有质子泵，可以利用 ATP 水解释放的能量，将胞质中的 H^+ 泵入溶酶体；同时，溶酶体膜上有 Cl^- 通道蛋白，可将 Cl^- 转运至溶酶体内。两种转运蛋白作用的结果，相当于将 HCl 运至溶酶体内，从而维持了溶酶体酶发挥作用所需的酸性环境。

3. 膜具有高度稳定性　溶酶体膜蛋白高度糖基化，有利于防止溶酶体内酸性水解酶对自身膜结构的消化分解。同时，溶酶体膜内还含有较多促进膜稳定的胆固醇，这些特点使得溶酶体膜高度稳定。

4. 膜转运蛋白含量丰富　溶酶体膜内含有多种不同的转运蛋白，能将溶酶体消化水解的产物转运到溶酶体外，供细胞加工重新利用或排出细胞外。

二、溶酶体的类型

依据溶酶体的不同发育阶段和生理功能状态，可将其分类为初级溶酶体、次级溶酶体和终末溶酶体。

（一）初级溶酶体

初级溶酶体（primary lysosome）是指刚由反面高尔基网出芽而形成的只含水解酶而不含作用底物（被消化物质）的溶酶体，形态上一般呈透明圆球状。其中所含的溶酶体酶处于非活性状态，尚未进行消化活动。

（二）次级溶酶体

次级溶酶体（secondary lysosome）是指初级溶酶体与含底物的小泡相融合，水解酶被激活，将要或正在进行消化活动的溶酶体。次级溶酶体的体积较大，外形不规则，囊腔内含正在消化分解的物质颗粒或残损的膜碎片。

依据所作用底物的来源不同，又可将次级溶酶体分为自噬溶酶体、异噬溶酶体和吞噬溶酶体（图 3-12）。

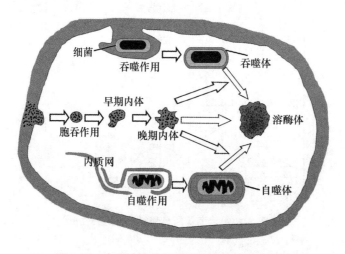

图 3-12　自噬溶酶体和异噬溶酶体的形成过程

1. 自噬溶酶体（autophagolysosome）　由初级溶酶体与自噬体融合后形成。其底物主要为细胞内衰老或损伤破碎的细胞器（如线粒体和内质网等），或糖原颗粒等物质。

2. 异噬溶酶体（heterophagic lysosome）　由初级溶酶体与细胞通过胞吞作用所形成的异噬体融合而成。其底物多来自经胞吞作用吞入的外源性物质。

3. 吞噬溶酶体（phagolysosome）　是由初级溶酶体和吞噬体融合而成的次级溶酶体。吞噬体是吞噬细胞通过吞噬作用而形成的，其内多为病原体或较大的颗粒性物质。

（三）终末溶酶体

次级溶酶体中的消化活动接近完成时，水解酶的活性降低或丧失，致使部分底物不能被完全分解而残留在溶酶体内，溶酶体即进入生理功能的终末阶段，此时称为终末溶酶体或残余体（residual body）。残余体可通过胞吐作用排出细胞，有的则残留在细胞内，导致细胞功能障碍和衰老。

最常见的残余体有脂褐素、髓样结构和含铁小体。脂褐素（lipofuscin）是由单位膜包裹的、形态不规则的小体，内含脂滴和电子密度不等的黄褐色颗粒状物质，常见于衰老的神经细胞、心肌细胞及肝细胞等。髓样结构是一种膜性小体，其最显著的特征是内含板层状、指纹状或同心圆层状排列的膜性物质，因其形态与神经髓鞘类似而得名，常见于单核 - 巨噬细胞系统的细胞、大肺泡细胞等正常细胞和肿瘤细胞。含铁小体（siderosome）内部充满了电子密度较高的含铁颗粒，颗粒直径为 50 ~ 60 nm。当机体摄入大量铁离子时，在肝、肾等器官组织的巨噬细胞中常可观察到许多含铁小体。

综上所述，不同的溶酶体类型是根据其功能状态而人为划分的，是溶酶体在不同功能状态下的转换形式，其转换关系如图 3-13 所示。

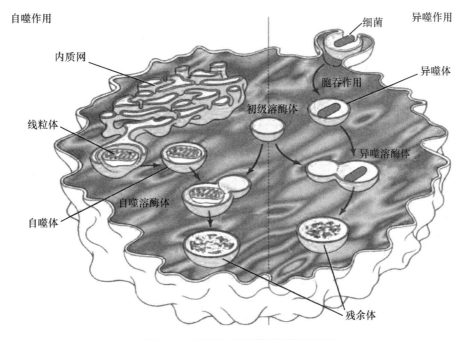

图 3-13　溶酶体功能类型的转换关系

三、溶酶体的形成过程

溶酶体的形成既有内质网和高尔基复合体的参与，还与细胞的胞吞过程密切相关，是一个集细胞内物质合成、加工、包装、运输和结构转化等细胞活动为一体的复杂而有序的过程。其形成机制比较清楚的是甘露糖 -6- 磷酸（M-6-P）途径，主要包括以下几个阶段（图 3-14）。

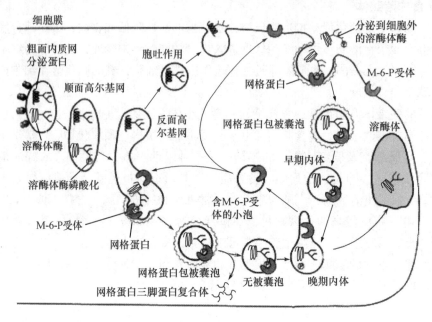

图 3-14　内体性溶酶体形成过程示意图

（一）溶酶体酶前体在糙面内质网合成、初加工和转运

溶酶体酶前体在糙面内质网合成、加工修饰后形成富含甘露糖的糖蛋白，随后从内质网以出芽方式转运到顺面高尔基网。

（二）溶酶体酶前体在高尔基复合体被标记、分选和转运

在顺面高尔基网腔内，经磷酸转移酶和 N- 乙酰葡糖胺磷酸糖苷酶催化，溶酶体酶前体寡糖链上的甘露糖基被磷酸化而形成 M-6-P。M-6-P 是溶酶体酶分选的重要识别信号，可被反面高尔基网膜上的 M-6-P 受体识别并结合，进而触发高尔基复合体局部出芽和膜外胞质侧网格蛋白的组装，形成网格蛋白包被囊泡。该囊泡在脱离反面高尔基网时，脱掉衣被成为无被囊泡。

（三）内体性溶酶体的形成

在细胞质中，无被囊泡与细胞内的内体（endosome）融合，形成内体性溶酶体（endolysosome）。内体又称内吞体，是由细胞通过胞吞（饮）作用形成的一类异质性的脱衣被囊泡，根据发生阶段分为早期内体（early endosome）和晚期内体（late endosome）。参与形成内体性溶酶体的内体是内部呈酸性环境的晚期内体。最初形成的早期内体囊腔中的 pH 值与细胞外液相同（pH 7.0 ~ 7.4），与胞内运输小泡融合后可形成晚期内体。由于晚期内体膜上存在 H^+ 泵，能将胞质中的 H^+ 泵入囊腔内，从而使其内部的 pH 呈酸性。

（四）溶酶体的成熟

内体性溶酶体内部的 pH 下降到 6 左右，实际上已成为一种酸性房室。在酸性环境中，溶酶体酶前体与 M-6-P 受体解离；酶前体去磷酸化而成熟。同时，解离后的 M-6-P 受体通过溶酶体膜出芽、脱落，然后以运输小泡的形式返回到反面高尔基网，参与受体再循环或到达细胞膜。至此，成熟的溶酶体即已形成。

此外，极少数分泌到细胞外的溶酶体酶也可被细胞膜上的 M-6-P 受体识别，通过内吞作用进入细胞内而形成早期内体。

四、溶酶体的功能

作为细胞内的消化性细胞器，溶酶体内所含的酸性水解酶能降解几乎所有的生物大分子。因此，溶酶体的生物学功能是建立在其对物质的消化和分解作用基础上的。

（一）参与细胞防御

细胞防御是机体防御系统的重要组成部分。溶酶体具有强大的物质消化分解能力，这是实现细胞防御功能的基本保证。巨噬细胞吞入的细菌、病毒等，可在溶酶体作用下被消化分解而清除。此外，巨噬细胞还可将消化产物加工成有免疫原性的抗原复合物，并将其提呈抗原给淋巴细胞，进而启动淋巴细胞的免疫应答，对于机体抵御细菌等病原体入侵具有极其重要的作用。

（二）参与细胞结构成分的更新

细胞自身物质包括细胞内大分子物质和细胞器，这些自身物质均有一定的寿命。溶酶体能将细胞内损伤或衰老的细胞器分解消化为可被细胞重新利用的小分子，进而将其清除。这样既能维持细胞内环境的稳定，也有利于细胞器的更新。

（三）供给细胞营养

溶酶体对大分子营养物质进行消化分解，也是细胞获取营养物质的一个重要途径。在细胞饥饿状态下，溶酶体可通过分解一些细胞内的大分子物质来提供营养和能量，以维持细胞的基本生存。

（四）参与机体组织器官的形态建成

在胚胎发育过程中，溶酶体可通过自溶作用分解需降解的细胞或组织。例如，在发育过程中，指（趾）间大部分蹼结构会消失。同样，蝌蚪变态期其尾部细胞的溶酶体数量增多、溶酶体膜破裂，释放出的水解酶可引起细胞自溶、尾部消失。

（五）参与受精过程

顶体反应是受精的先决条件。顶体（acrosome）是位于精子头部前端的一个帽状囊泡结构，是介于细胞核与细胞膜之间的一种特殊的溶酶体。在精卵相遇、识别时，顶体接触到卵细胞外被后可释放水解酶，以水解卵细胞周围的滤泡细胞，进而消化卵细胞的细胞外被和细胞膜，使精子细胞核进入卵细胞而完成受精。

（六）参与激素合成及激素水平调节

溶酶体可参与激素的合成、加工和成熟等过程，并在类固醇激素和肽类激素的分泌过程中发挥不同的作用。在分泌类固醇激素的细胞中，溶酶体主要提供激素合成原料，如将摄入的血浆脂蛋白水解为胆固醇，将细胞内脂滴中贮存的胆固醇酯水解为游离胆固醇等；而在分泌肽类激素的细胞中，溶酶体可以将尚未加工完毕的激素水解转化为成熟的、分泌形式的激素。例如，在甲状腺上皮细胞中合成的甲状腺球蛋白被分泌到滤泡腔内经碘化后，可被重新吸收到滤泡上皮内形成大脂滴，其与溶酶体融合后，可被水解为有活性的甲状腺素而释放到细胞外发挥作用。

五、溶酶体与医学

溶酶体酶活性或膜稳定性异常都会影响细胞功能，进而引发相应的疾病。

（一）溶酶体酶缺乏导致的疾病

溶酶体内缺乏某些酶可导致相应底物不能分解而贮积在溶酶体内，造成细胞代谢障碍，引发多种先天性溶酶体病，称为溶酶体贮积症（lysosomal storage disease）。

1. GM$_2$ 神经节苷脂贮积症变异型 B（GM$_2$ gangliosidosis variant B） 又称家族性黑矇性痴呆（Tay-Sachs disease）。其病因是溶酶体内缺乏 β- 氨基己糖苷酶 A，从而不能将 GM$_2$ 神经节苷脂糖链末端的 N- 乙酰半乳糖切除而使之降解，导致神经系统、心、肝等组织的溶酶体内具有毒性的 GM$_2$ 神经节苷脂大量沉积而影响细胞功能。患者表现为渐进性失明、痴呆和瘫痪。

2. 糖原贮积症 Ⅱ 型（glycogen storage disease type Ⅱ） 又称蓬佩病（Pompe disease），是一种常染色体隐性遗传病。患者细胞内不能合成 α-1,4- 葡萄糖苷酶，致使糖原无法被分解而在溶酶体内蓄积，使溶酶体的体积越来越大，以致大部分细胞质被溶酶体所占据。此病多见于婴儿，临床可表现为肌无力、进行性心力衰竭等。

（二）溶酶体膜稳定性异常导致的疾病

1. 硅沉着病 又称硅肺病或矽肺，是由于溶酶体膜稳定性下降，使得溶酶体酶释放而引起以肺组织纤维化为主要特征的职业病。经肺吸入的含有 SiO$_2$ 的粉尘被肺内的巨噬细胞吞噬后形成的吞噬体可与初级溶酶体融合而形成吞噬性溶酶体。在吞噬性溶酶体中可形成硅酸。硅酸以非共价键方式与溶酶体膜上的阳离子结合，可降低溶酶体膜的稳定性，造成溶酶体膜破裂，致使大量溶酶体酶释放入细胞质中，引起巨噬细胞自溶、死亡。同时，释放出的 SiO$_2$ 又可被其他巨噬细胞吞噬。如此反复，可导致大量巨噬细胞死亡。死亡的巨噬细胞释放出致纤维化因子，可刺激成纤维细胞增生并分泌大量胶原。这些胶原纤维在肺部大量沉积可形成纤维化结节，进而导致肺弹性降低、肺功能受损。

2. 痛风 痛风是以高尿酸血症为主要临床生化表现的嘌呤代谢紊乱性疾病。当尿酸盐的生成与排泄失衡时，血尿酸盐浓度升高，并以结晶形式沉积于关节及多种组织内，并被白细胞吞噬。被吞噬的尿酸盐结晶以氢键与溶酶体膜结合，可改变溶酶体膜的稳定性，使溶酶体内的水解酶释放，引起白细胞自溶、坏死，导致沉积部位组织发生急性炎症反应。

类风湿关节炎的发病原因目前尚不完全清楚，但由该病引起的关节软骨破坏被认为是由于细胞内的溶酶体膜脆性增加，溶酶体酶局部释放而侵蚀软骨细胞所致。

第四节 过氧化物酶体

1954 年，科学家罗丁（J. Rhodin）在电镜下观察小鼠肾近曲小管上皮细胞时发现了一种膜性细胞器，称为微体（microbody）。现已确认，微体普遍存在于细胞中，因其含有氧化酶、过氧化物酶和过氧化氢酶而将其命名为过氧化物酶体（peroxisome）。

一、过氧化物酶的形态结构

电镜下可见，过氧化物酶体是由一层单位膜包裹而成的膜性细胞器，呈圆形或卵圆形，有时也呈半月形或长方形，直径为 0.2 ~ 1.7 μm（图 3-15）。过氧化物酶体与溶酶体等其他膜泡结构最典型的区别是：过氧化物酶体中常含由尿酸氧化酶形成的电子密度高、排列规则的晶格结构，称为拟晶体或类晶体。但是人和鸟类细胞内的过氧化物酶体中不含有尿酸氧化酶，因而无该结晶。此外，过氧化物酶体界膜内表面还常可见一高密度条带状结构，称为边缘板。

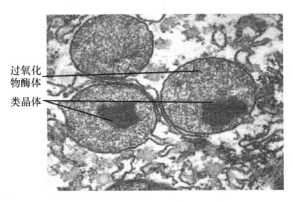

过氧化物酶体

类晶体

图 3-15 鼠肝细胞内过氧化物酶体电镜图

二、过氧化物酶体所含的酶类

过氧化物酶体也是一类异质性细胞器，不仅在形态、体积上具有多样性，而且其所含酶类的种类和数量也不同。目前已从过氧化物酶体中鉴定出 40 多种酶，但尚未发现任何一种过氧化物酶体包含了全部的酶。根据酶的性质，可将过氧化物酶体中的酶大致分为以下三类。

1. 氧化酶类　氧化酶类占全部酶总量的 50% ~ 60%，包括尿酸氧化酶、D- 氨基酸氧化酶、L-α 氨基酸氧化酶等黄素（FAD）依赖氧化酶类。尽管作用底物不同，但其共同特征都是在催化底物氧化的同时，将氧还原成过氧化氢（图 3-16）。

2. 过氧化氢酶类　过氧化氢酶约占酶总量的 40%，存在于几乎所有过氧化物酶体中，是过氧化物酶体的标志酶，其作用是催化过氧化氢分解生成水和氧气（图 3-16）。

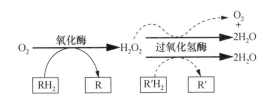

图 3-16 氧化酶与过氧化氢酶的催化作用相偶联形成的呼吸链

3. 过氧化物酶类　过氧化物酶可能仅存在于少数几种细胞（如血细胞）的过氧化物酶体中，是利用过氧化氢作为电子受体来催化底物氧化作用的酶。

三、过氧化物酶体的功能

（一）具有解毒作用

过氧化物酶体的主要功能是清除细胞代谢过程中产生的过氧化氢等毒性物质，从而发挥解毒作用。在过氧化物酶体中，氧化酶与过氧化氢酶的作用相偶联，形成了一个由过氧化氢协调的简单的呼吸链，这既是过氧化物酶体的重要特征，也是过氧化物酶体的主要功能。其主要作用方式是：在氧化酶作用下，底物 RH_2 将电子传递给氧分子，生成过氧化氢；然后，过氧化氢再被过氧化氢酶还原而生成水。还原的电子来自其他小分子物质（ $R'H_2$ ）；如果没有其他供体，还原的电子可来自过氧化氢本身（图 3-16）。通过这一呼吸链，不仅可以有效地消除细胞代谢过程中产生的氧化性极强的过氧化氢，同时还可以使甲醛、甲酸和乙醇等毒性物质失活，从而对细胞起到保护作用。该反应对肝、肾组织细胞尤为重要，如饮酒时进入体内的乙醇，约 25% 是通过这种方式被氧化成乙醛而解除毒性的。

（二）调节细胞内氧浓度

氧化酶可利用氧分子催化底物氧化，这对细胞内氧浓度的调节具有很重要的作用。研究表明，肝细胞内的氧约有 20% 由过氧化物酶体消耗，氧化产生的能量以产热的方式被消耗；其余约 80% 的氧供给线粒体进行氧化磷酸化，氧化产生的能量用于合成 ATP。线粒体和过氧化物酶体对氧的敏感性是不同的，线粒体氧化的最佳氧浓度是 2% 左右，提高氧浓度并不会增强线粒体的氧化能力；而过氧化物酶体的氧化能力可随氧浓度增高而逐渐增强。因此，如果细胞处于氧浓度高的情况下，过多的氧可由过氧化物酶体消耗而得到有效的调节，进而使细胞免遭高氧浓度的损伤。

（三）参与脂肪酸氧化

除了在线粒体中能进行脂肪酸氧化外，动物细胞也可以利用过氧化物酶体中的氧化酶对 25%~50% 的脂肪酸进行氧化，或者将脂肪酸转化为乙酰辅酶 A，以供再利用，也可以直接给细胞提供热能。

四、过氧化物酶体的形成

过氧化物酶体的形成方式有两种。一种方式是分裂繁殖，与线粒体一样，通过二分裂法，从原有的过氧化物酶体分裂而来。另一种方式是从头合成，即先由内质网通过出芽的方式释放出未成熟的囊泡状结构，即过氧化物酶体前体，再在细胞质中装配为成熟的过氧化物酶体。

五、过氧化物酶体与医学

过氧化物酶体的病理改变包括过氧化物酶体数量、体积和形态等的异常，也包括过氧化物酶缺乏及功能障碍。例如，在病毒性肝炎、甲状腺功能亢进症、慢性酒精中毒或慢性低氧血症等疾病患者肝细胞内，可见过氧化物酶体数量增加；在甲状腺功能减退、脂肪变性或高脂血症等情况下，则可见过氧化物酶体数量减少、老化或发育不全；在肝肿瘤细胞内，可见过氧化物酶体数量减少，且其数量与肿瘤细胞的生长速度呈反比。

过氧化物酶体结构和功能异常可导致过氧化物酶体病。近年来，已有越来越多的过氧化物酶体病被发现。例如，脑肝肾综合征（Zellweger 综合征）就是一种由过氧化物酶功能降低或缺失所导致的全身各器官功能异常的临床综合征，患者脑、肝和肾损伤尤为严重。过氧化物酶体病的严重程度与患者所缺乏酶的种类和数量有关，如肾上腺脑白质营养不良患者仅缺失一种过氧化物酶体中的酶，因而临床症状相对较轻。

小 结

内膜系统是真核细胞区别于原核细胞的重要标志之一，是在结构、功能甚至发生上有密切联系的膜性结构的总称。各种膜结构共同完成细胞内生物合成、加工、包装和运输过程。

内质网是由一层单位膜围成的一个三维膜性管网系统。糙面内质网与外输性蛋白质的合成、修饰、加工及转运密切相关；光面内质网是以脂类物质合成为主要功能的多功能细胞器。高尔基复合体是由不同形态的囊泡组成的膜性复合体，其整体形态结构和功能均具有明显的极性，在蛋白质分选和膜泡的定向运输过程中起着枢纽作用。溶酶体是一层单位膜包裹的膜性细胞器，主要行使细胞内消化器的功能。过氧化物酶体也是由一层单位膜包裹而成的膜性细胞器，具有解毒、调节细胞氧浓度以及参与脂肪酸氧化等重要功能。

（董凌月）

 习题

1. 下列不属于内膜系统的细胞器是
   A. 高尔基复合体　　B. 过氧化物酶体　　C. 核糖体　　　　D. 溶酶体
2. 光面内质网高度发达的细胞是
   A. 肿瘤细胞　　　　B. 干细胞　　　　　C. 胰腺细胞　　　D. 肾上腺皮质细胞
3. 属于高尔基中间膜囊功能的是
   A. 接受来自内质网的运输小泡
   B. 将含有内质网驻留信号的蛋白质遣返至内质网
   C. 对糖蛋白进行 O- 连接方式的糖基化修饰
   D. 分选来自内质网新合成的蛋白质和脂质
4. 溶酶体酶进行水解作用的最适 pH 值是
   A. 3 ~ 4　　　　　　B. 5　　　　　　　C. 6　　　　　　　D. 7

二、简答题
1. 简述内质网的分类及各自的功能特点。
2. 简述分泌蛋白质的合成、加工及转运过程。
3. 高尔基复合体为什么是一个极性细胞器？
4. 简述溶酶体的生理功能。

第四章 线粒体

第一节 线粒体的形态结构

1894年，德国生物学家阿尔特曼（R. Altmann）首次在动物细胞内发现了一种小的杆状和颗粒状结构，并将其称为生命小体。1897年，德国生物学家本达（C. Benda）将这些结构命名为线粒体（mitochondrion）。1900年，化学家米凯利斯（Michaelis）用詹纳斯绿（Janus green）进行活体染色，证实线粒体是细胞氧化还原反应的场所。1948年，霍格布姆（G. Hogeboom）等用分步离心法成功地从肝、肾细胞中分离出了线粒体，极大地推动了有关线粒体参与三羧酸循环、电子传递和氧化磷酸化等方面的研究。

一、线粒体的光镜形态、大小、数目和分布

（一）形态与大小

在光镜下观察，线粒体呈线状、粒状或短杆状（图4-1），偶尔可见呈圆形、哑铃形、星形、分枝状和环状等。在一定条件下，在同一细胞中，线粒体的形态是动态变化和可逆的。例如，当细胞处于低渗环境时，线粒体膨胀呈颗粒状，而处于高渗环境时，线粒体伸长呈线状。

线粒体是细胞内一类较大的细胞器，其直径一般为 $0.5 \sim 1\ \mu m$，长度为 $1.5 \sim 3.0\ \mu m$。在特定条件下还可见到某些细胞内巨大的线粒体，如骨骼肌细胞的线粒体长度可达 $8 \sim 10\ \mu m$，胰腺外分泌细胞中的线粒体可长达 $10 \sim 20\ \mu m$。

（二）数目

细胞内线粒体的数目主要与细胞的类型和能量需求有关，不同状态下的差异很大。一般而言，新陈代谢旺盛，能量需求较多的细胞，如心肌细胞、肝细胞、骨骼肌细胞和肾小管上皮细胞等，线粒体的数目较多；反之，

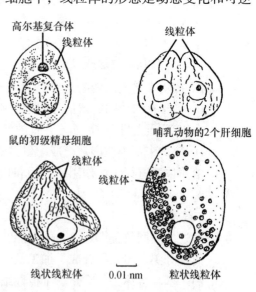

图 4-1　光镜下线粒体的形态

（图中标注：高尔基复合体、线粒体、鼠的初级精母细胞、哺乳动物的2个肝细胞、线状线粒体、粒状线粒体、0.01 nm）

新陈代谢低下，能量消耗较少的细胞，如淋巴细胞，线粒体的数目较少。正常肝细胞内含有 1000 ~ 2000 个线粒体，占细胞质体积的 15% ~ 20%，而哺乳动物成熟红细胞不含线粒体。

（三）分布

虽然线粒体在很多细胞内呈弥散均匀分布，但一般较多集中分布在细胞内生理功能旺盛、需要能量供应的区域。例如，在柱状细胞中，线粒体多分布在细胞两极；在球状细胞中，线粒体则呈放射状排列；在蛋白质合成和分泌旺盛的细胞（如胰腺外分泌细胞）中，线粒体多分布在粗面内质网和高尔基复合体周围；在心肌细胞中，线粒体沿肌原纤维规律排列；在肠上皮细胞中，线粒体分布在细胞两极；在肾小管上皮细胞中，线粒体大量集中分布在基部并靠近质膜的内褶处，这与细胞内水和溶质的主动运输有密切的关系；在精子细胞中，线粒体集中于鞭毛中轴区，以利于为精子的快速运动提供能量；在处于分裂期的细胞中，线粒体集中分布在纺锤丝周围。

二、线粒体的超微结构

在电镜下观察，线粒体是由内外两层单位膜封闭包裹而成的膜囊状结构，主要由外膜（outer membrane）、内膜（inner membrane）、膜间隙（intermembrane space）和基质（matrix）组成（图 4-2，图 4-3）。其中，膜间隙又称外室，基质又称内室。

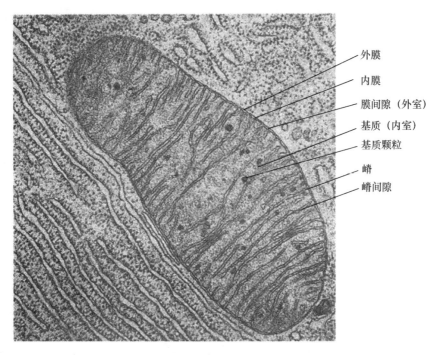

外膜
内膜
膜间隙（外室）
基质（内室）
基质颗粒
嵴
嵴间隙

图 4-2　电镜下的线粒体结构

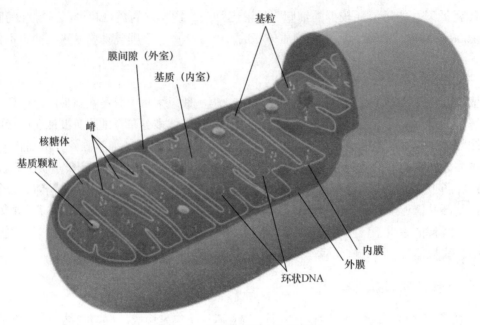

图 4-3　线粒体结构立体模式图

（一）外膜

线粒体外膜是包围在线粒体外表面的一层单位膜，即双层线粒体单位膜的外层膜，厚度为 6 ~ 7 nm，平整光滑，与内膜不相连。线粒体外膜上分布着由孔蛋白（porin）构成的筒状管道，直径为 2 ~ 3 nm。孔蛋白通道可允许分子量小于 5000 Da 的物质自由通过，如 ATP、NAD、辅酶 A 等小分子物质均可自由通过线粒体外膜。这种通透性使膜间隙的离子环境与细胞质相似。与线粒体内膜相比，外膜富含胆固醇和磷脂，蛋白质含量则较少。外膜的标志酶是单胺氧化酶（monoamine oxidase）。

（二）内膜

线粒体内膜是位于外膜内侧的一层单位膜结构，即双层线粒体单位膜的内层膜，厚度为 6 ~ 8 nm。线粒体内膜富含蛋白质，蛋白质与脂类的比例＞3 : 1。线粒体内膜富含心磷脂（达 20%），但缺乏胆固醇，与细菌质膜类似。这种组成决定了内膜的通透性较低，分子量大于 150 Da 的物质就无法通过。因此，细胞内大部分的小分子物质和离子均无法通过线粒体内膜，这对于质子电化学梯度的建立和 ATP 合成非常重要。某些较大的离子和分子需要通过特异性的膜转运蛋白转运进出线粒体基质。线粒体内膜的标志酶是细胞色素氧化酶（cytochrome oxidase）。

内膜向线粒体内室折叠形成许多皱褶或管状结构，称为嵴（cristae）。嵴的形成增加了内膜的表面积，如肝细胞中线粒体内膜的总面积大约是外膜的 5 倍，约占整个细胞内膜结构总面积的 1/3。嵴是线粒体中最具有形态学特征的结构组分。同种细胞内线粒体嵴的形状和特点基本相近，而不同类型细胞中线粒体嵴的形状、数量和排列方式存在很大的差异。线粒体嵴的形状和排列方式主要有两种类型：板层状和小管状。板层状线粒体嵴存在于高等动物的绝大部分细胞中，其方向多与线粒体长轴垂直，如胰腺细胞和肾小管上皮细胞；少数细胞的线粒体嵴与线粒体长轴平行，如神经细胞。小管状线粒体嵴仅见于少数高等动物细胞内，主要是一些分泌固醇类激素的细胞，如肾上腺皮质细胞、黄体细胞等（图 4-4）。

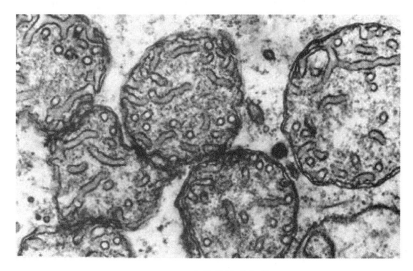

图 4-4　小管状嵴线粒体

在内膜和嵴膜的内表面附有许多带柄的朝向内室的球状小颗粒，称为基粒，与内膜面垂直且规则排列。每个线粒体含有 $10^4 \sim 10^5$ 个基粒。基粒由头部、柄部和基片三部分组成（图 4-5），每部分由多种蛋白质亚基组成。圆球形的头部凸出在内膜表面，基片嵌于内膜里，柄部将头部与基片相连。头部具有 ATP 合酶活性，可催化 ADP 和 Pi 合成 ATP。因此，基粒又称为 ATP 合酶（ATP synthase）。

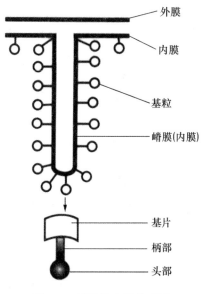

图 4-5　线粒体内膜模式图

（三）膜间隙

线粒体内膜和外膜之间宽度为 6 ~ 8 nm 的封闭间隙，称为膜间隙或外室，其内充满无定形物质，主要是多种可溶性酶、底物和辅助因子。腺苷酸激酶是膜间隙内的标志酶，其功能是催化 ATP 分子末端的磷酸基团转移到 AMP，生成 ADP。

（四）内室与基质

线粒体内膜所围成的空间称为内室，其内富含可溶性蛋白的胶状物质，称为线粒体基质（matrix）。基质中含有与三羧酸循环、丙酮酸和脂肪酸氧化、氨基酸代谢和线粒体蛋白合成等有关的酶类以及核酸合成酶系，同时还含有线粒体 DNA（mitochondrial DNA，mtDNA）、线粒体 mRNA、tRNA 以及核糖体等物质。

第二节　线粒体的化学组成和酶的分布

一、线粒体的化学组成

线粒体的化学组分主要为蛋白质和脂类。此外，线粒体内还含有 DNA 和完整的遗传体系，多种辅酶（如 CoQ、FMN、FAD、NAD^+ 等）、维生素和各种离子。

（一）蛋白质

目前认为至少有 1098 种蛋白质存在于哺乳动物细胞的线粒体中，线粒体蛋白质含量占线粒体干重的 65% ~ 70%，其中内膜含量较多，占线粒体蛋白质总量的 60% 以上。内膜上的蛋白质是线粒体氧化磷酸化的重要参与者，包括 ATP 合酶、电子传递链蛋白，以及大量参与胞质和线粒体基质间转运的载体蛋白。人类基因组编码 48 种线粒体转运蛋白家族的成员，其中有一种是 ADP/ATP 逆向转运蛋白，能够将基质腔内新合成的 ATP 运输至膜间隙，并将 ADP 转运入基质腔。膜间隙内的 ATP 随后被运至细胞质参与供能。

（二）脂类

脂类含量占线粒体干重的 25% ~ 30%，其中以磷脂为主，占脂类总量的 3/4 以上，主要包括磷脂酰胆碱（卵磷脂）和磷脂酰乙醇胺（脑磷脂），另外还有一定数量的心磷脂和含量较少的胆固醇。线粒体内膜中的心磷脂含量高达其脂类总含量的 20%，远高于其他膜性结构，而胆固醇含量极少，这使内膜呈现高度疏水性。心磷脂分子具有四条脂肪酸链的结构使离子很难通过，这导致内膜的通透性很低。这种通透屏障在 ATP 的合成过程中具有重要的作用，同时也使 H^+、ATP、ADP 和丙酮酸等许多代谢或酶反应所需要的分子和离子需要借助内膜上存在的多种膜转运蛋白才能被选择性地转运。

二、线粒体中酶的分布

现在已知线粒体中约有 120 种酶，分布在线粒体各部位，其中，氧化还原酶约占 37%，连接酶占 10%，水解酶不足 9%。其中主要的一些酶在线粒体各部的分布见表 4-1。有的酶可以作为线粒体不同部位的标志酶，如线粒体内外膜的标志酶分别是细胞色素氧化酶和单胺氧化酶；膜间隙和基质的标志酶分别是腺苷酸激酶和苹果酸脱氢酶。

表 4-1　线粒体主要酶的分布

部位	酶的名称
外膜	NADPH- 细胞色素 c 还原酶
	细胞色素 b5 还原酶
	单胺氧化酶
	脂酰辅酶 A 合成酶
	犬尿氨酸羟化酶
膜间隙	腺苷酸激酶
	核苷酸激酶
	核苷二磷酸激酶
	亚硫酸氧化酶
内膜	NADH- 辅酶 Q 还原酶
	琥珀酸 - 辅酶 Q 还原酶
	细胞色素氧化酶
	肉碱酰基转移酶
	β- 羟丁酸和 β- 羟丙酸脱氢酶
	腺嘌呤核苷酸
	ATP 合成酶系
基质	柠檬酸合成酶
	顺乌头酸酶
	苹果酸脱氢酶
	异柠檬酸脱氢酶
	延胡索酸酶
	谷氨酸脱氢酶
	丙酮酸脱氢酶系
	天冬氨酸氨基转移酶
	蛋白质和核酸合成酶系
	脂肪酸氧化酶系

第三节　线粒体与能量转换

　　线粒体主要负责对糖、脂肪和蛋白质等各种能源物质的氧化和能量转换，是贮能和供能的场所。在细胞生命活动中，95% 的能量来自线粒体。

　　在细胞内，依靠酶的催化，将各种供能物质氧化并释放能量的过程称为细胞氧化。

由于细胞氧化过程中需要消耗 O_2，最终生成 CO_2 和 H_2O，所以又称细胞呼吸（cellular respiration）或有氧氧化。糖、脂肪、蛋白质需要经过消化分解，成为单糖、脂肪酸和甘油、氨基酸等小分子，才能被细胞摄入。其中，单糖和氨基酸在胞质中代谢生成丙酮酸。丙酮酸和脂肪酸在细胞质内进入线粒体，进一步被氧化而生成乙酰辅酶 A（acetyl coenzyme A，acetyl-CoA），然后进入三羧酸循环。经一系列酶促反应、电子传递和氧化磷酸化，供能物质被彻底氧化，最终分解为 CO_2 和 H_2O，同时释放出大量能量，并生成 ATP 供组织利用（图 4-6）。

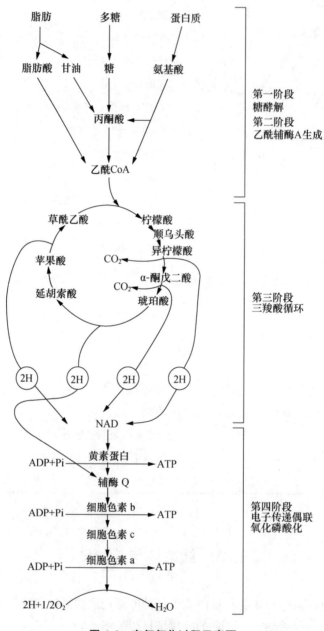

图 4-6 有氧氧化过程示意图

细胞内物质氧化的基本过程包括糖酵解、乙酰辅酶 A 生成、三羧酸循环、电子传递偶联氧化磷酸化四个阶段。其中，糖酵解在细胞质中进行，反应过程不需要氧的参与，故又称为无氧酵解；其余三个阶段都在线粒体内进行。

一、糖酵解

以葡萄糖为例，它不能直接进入线粒体，而是在细胞质基质中先被磷酸化，在不同酶的催化下经多步反应，1 分子葡萄糖分解生成 2 分子丙酮酸，这个过程称为糖酵解（glycolysis）。这一过程不需要耗氧，为无氧氧化过程。糖酵解过程净生成 2 分子 ATP，脱下 2 对 H 原子。脱下的 H 原子由受氢体烟酰胺腺嘌呤二核苷酸（nicotinamide adenine dinucleotide，NAD）携带。丙酮酸通过线粒体膜上特定的转运蛋白进入线粒体基质腔。

二、乙酰辅酶 A 的生成

丙酮酸进入线粒体基质中，在丙酮酸脱氢酶系的作用下，进行氧化（脱氢）脱羧反应，首先脱去 1 个碳原子，降解为 2 个碳原子的乙酰基。然后，乙酰基与辅酶 A（CoA）结合生成乙酰 CoA。丙酮酸脱氢酶系是由 3 种酶（丙酮酸脱羧酶、二氢硫辛酸乙酰转移酶和二氢硫辛酰胺脱氢酶）和 5 种辅酶（TPP、二氢硫辛酸、CoA、FAD 和 NAD）组成的多酶复合体。

三、三羧酸循环

三羧酸循环是在线粒体基质中进行的。线粒体基质中含有三羧酸循环反应所需的各种酶。

三羧酸循环由乙酰 CoA 与草酰乙酸缩合形成含有三个羧基的柠檬酸开始。柠檬酸通过一系列反应，在各种酶的催化下再经氧化脱羧，包括生成 α- 酮戊二酸、琥珀酸等阶段，产生 CO_2、NADH 及 $FADH_2$，最终仍降解成草酰乙酸；草酰乙酸又可与另一分子乙酰 CoA 结合而重新形成柠檬酸，如此反复循环，故称为三羧酸循环（tricarboxylic acid cycle）。三羧酸循环由英国生物化学家克雷布斯（H. Krebs）首先发现，所以又称克雷布斯循环（Krebs cycle）（图 4-7）。每一个循环过程均氧化分解 1 分子乙酰基，产生 4 对氢原子和 2 分子 CO_2。脱下的 4 对氢原子，其中有 3 对以 NAD^+ 为受氢体，另外 1 对以黄素腺嘌呤二核苷酸（flavin adenine dinucleotide，FAD）为受氢体，转入电子传递链。NAD^+ 能够接受 2 个电子（e^-）和 1 个质子（H^+），生成还原型烟酰胺腺嘌呤二核苷酸（reduced nicotinamide adenine dinucleotide，NADH），另外 1 个 H^+ 则留在基质中。FAD 能够接受 2 个 H 原子，即 2 个 H 质子和 2 个电子，生成还原型黄素腺嘌呤二核苷酸（reduced flavin adenine dinucleotide，$FADH_2$）。

四、电子传递偶联氧化磷酸化

上述各反应中产生的 H 原子须经过进一步氧化，最终与氧结合生成水，整个氧化过程才结束。但是 H 原子并不能直接与 O_2 结合，一般认为 H 原子必须先解离为 H^+ 和 e^-，电子经过线粒体内膜上一系列电子载体的逐级传递，最终交给 1/2 O_2，使之成为 O^{2-}，后者再与基质中的 2H^+ 化合生成 H_2O。伴随着电子的逐步传递，自由能逐步收集，最终用于 ATP 的合成。因此，NADH 和 $FADH_2$ 是三羧酸循环和线粒体内膜之间进行电子传递的重要媒介物。

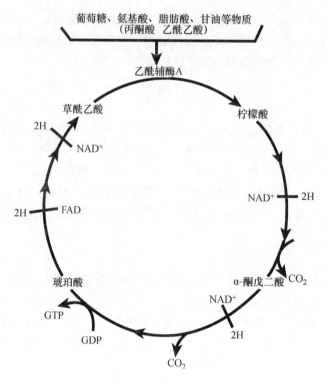

图 4-7　三羧酸循环示意图

（一）电子载体

在电子传递过程中，能与释放的电子结合并将电子传递下去的物质称为电子载体（electron carrier）。电子载体主要有 4 种：黄素蛋白（flavoprotein）、细胞色素（cytochrome）、铁硫蛋白（iron-sulfur protein）和泛醌（ubiquinone）。它们都具有氧化还原作用。除泛醌外，其他 3 种电子载体接受和提供电子的氧化还原中心都是与蛋白质相连的辅基。

（二）电子传递链（呼吸链）的组成和排列

以上 4 种电子载体在线粒体内膜中并不是单独存在的，而是与其他蛋白质组成复合物。它们有序地镶嵌在内膜上，组成传递电子和质子的酶体系，称为电子传递链（electronic transport chain）或呼吸链（respiratory chain）。电子传递链由 4 个含有电子载体的复合体（复合体 I、复合体 II、复合体 III、复合体 IV）以及另外 2 个独立存在的电子载体（细胞色素 c 和泛醌）组成。

复合体 I（NADH- 辅酶 Q 还原酶或 NADH 脱氢酶复合体）的分子量近 1000 kDa，含有多达 30 个不同的多肽（其中有 6 个由线粒体基因编码），包括 1 个带辅基 FMN 的黄素蛋白和 9 个不同的铁硫中心。复合体 I 的功能是将一对电子从 NADH 传递给泛醌（辅酶Q），在电子传递时伴随有 4 个质子从基质转移到膜间隙。

复合体 II（琥珀酸 - 辅酶 Q 还原酶或琥珀酸脱氢酶）由几个多肽组成，包括催化三羧酸循环关键反应的含 FAD 的琥珀酸脱氢酶和几个铁硫中心。复合体 II 可将电子从琥珀酸经铁硫中心传递给泛醌，该过程电子传递释放的能量较少，不伴有质子的跨膜传递。泛醌（辅酶 Q）独立存在于线粒体膜中，可溶于膜脂质双层，其主要功能是在膜内或沿着膜在大的、非移动的复合体间传递电子。

复合体Ⅲ（UQH$_2$-细胞色素 c 还原酶或细胞色素 bc1 复合物）含有近 10 个多肽（其中 1 个由线粒体基因编码），包括细胞色素 b 和细胞色素 c1，以及 1 个铁硫中心。复合体Ⅲ可将电子从还原型泛醌（UQH$_2$）传递给细胞色素 c，并且每传递一对电子，可同时将 4 个质子转移到膜间隙。细胞色素 c 不是镶嵌在膜内的整合蛋白，而是一种外周膜蛋白。复合体Ⅲ的功能与泛醌类似，也是移动在大的复合体之间传递电子，负责将电子由复合体Ⅲ传给复合体Ⅳ。

复合体Ⅳ（细胞色素氧化酶或细胞色素 c 氧化酶）含有两种细胞色素（a 和 a3），其功能是把 4 个电子从细胞色素 c 传递给氧，生成 H$_2$O。每传递一对电子，即从基质中摄取 4 个 H$^+$，其中 2 个 H$^+$ 用于生成水，另外 2 个 H$^+$ 被转移到膜间隙。

上述各组分在线粒体内膜上呈高度有序排列，在电子传递过程中相互协调。复合体Ⅰ、Ⅲ、Ⅳ组成呼吸链的主要传递途径；复合体Ⅱ、Ⅲ、Ⅳ组成另一条传递途径（图 4-8）。

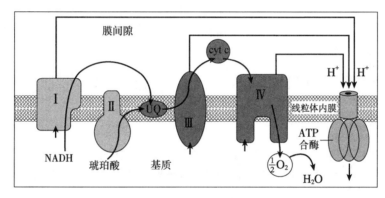

图 4-8　线粒体内膜电子传递链复合体Ⅰ～Ⅳ之间的电子传递途径以及所形成的
跨膜 H$^+$ 电化学梯度通过 ATP 合酶催化 ATP 合成示意图

（三）氧化磷酸化偶联机制

关于电子传递与磷酸化的偶联机制目前尚未阐明。相关的假说有化学偶联假说、构象偶联假说和化学渗透假说等。目前被广泛接受的是英国生物化学家米切尔（P. Mitchell）于 1961 年提出的化学渗透假说（chemiosmotic hypothesis）。该假说认为，氧化磷酸化偶联的基本原理是电子传递中的自由能差造成 H$^+$ 跨膜传递，暂时转变为跨线粒体内膜的质子电化学梯度。然后，质子顺电化学梯度回流并释放能量，驱动内膜上的 ATP 合酶，催化 ADP 磷酸化生成 ATP。这一过程包括以下几个步骤：① NADH 和 FADH$_2$ 提供一对电子，经电子传递链，最后被 O$_2$ 接受。②电子传递链同时起质子泵的作用，电子传递过程中释放的能量使质子（H$^+$）通过呼吸链中的递氢体从线粒体内膜的基质侧传递至膜间隙。③因为线粒体内膜对 H$^+$ 不能自由通透，因此在内膜两侧形成质子电化学梯度，膜内为负电荷（-），膜外为正电荷（+）。内膜两侧质子电化学梯度的建立使质子从内膜内侧向外侧定向转移而形成跨膜质子动力势。④泵入到膜间隙的 H$^+$ 有顺浓度差返回基质的趋向，当 H$^+$ 通过 ATP 合酶中的质子通道进入基质时，ATP 合酶可利用质子电化学梯度的驱动能量催化 ADP 与 Pi 合成 ATP，使释放的能量以高能磷酸键的形式储存在 ATP 内。电子传递和磷酸化偶联过程如图 4-9 所示。

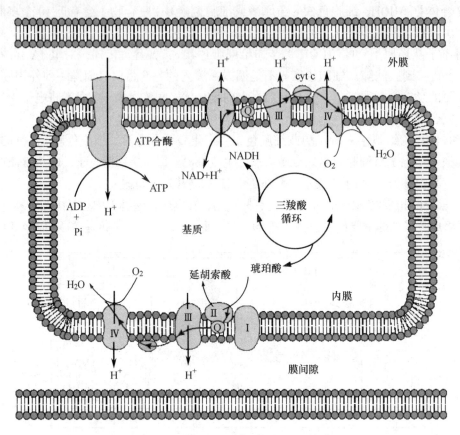

图 4-9　电子转递与磷酸化偶联过程示意图

电子传递过程的化学本质相当于一个氧化反应，ATP 合成过程中的磷酸化反应不仅以电子传递为基础，而且与之偶联发生，因此线粒体中 ATP 的生成过程也被称为氧化磷酸化（oxidative phosphorylation）。这个过程不仅依赖于线粒体内膜上的电子传递链和 ATP 合酶，而且依赖于线粒体内膜的完整性。化学渗透假说最显著的特点是强调了膜结构的完整性，如果膜不完整，H$^+$ 能自由出入，则无法形成线粒体内膜两侧的质子电化学梯度，那么氧化磷酸化就会解偶联（uncoupling）。

第四节　线粒体的半自主性

一、线粒体 DNA

在绝大多数真核细胞中，线粒体 DNA（mitochondrial DNA，mtDNA）是位于线粒体内的闭合双链环状 DNA 分子。与细菌 DNA 相似，mtDNA 不与组蛋白结合，而是分散在线粒体基质的不同区域。不同生物的细胞线粒体内 DNA 分子数目不同，一个线粒体内可能有一个或多个 DNA 分子。例如，在人体细胞中，每个线粒体内有 2 ~ 3 个 DNA 分子。

1981 年，从人类胎盘细胞的 mtDNA 材料中，首次测定了人类 mtDNA 的全部核苷酸序列。人类 mtDNA 全长 16 569 bp，含有 37 个基因，包括 2 种 rRNA（12 S 和 16 S）、22 种 tRNA 和 13 种多肽序列。其基因排列紧密，仅被少数（或无）非编码序列隔开（图 4-10）。这些遗传信息均在线粒体中得到表达，其产物在线粒体的生命活动中起到了不可或缺的重要作用。例如，线粒体 DNA 编码的 13 种多肽分别是线粒体复合物 I（7 个亚基）、复合物Ⅲ（1 个亚基）、复合物Ⅳ（3 个亚基）和 F0（2 个亚基）的组成部分。

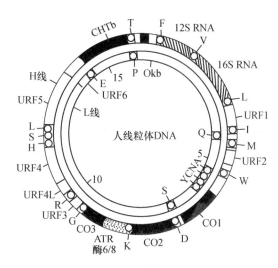

图 4-10　人类线粒体基因组 DNA

mtDNA 具有自我复制的能力，能以其自身为模板，进行半保留复制。mtDNA 的复制主要集中在细胞周期的 S 期和 G₂ 期，最终使 mtDNA 的含量倍增。mtDNA 复制的周期与线粒体的增殖是平行的，由此可以保证线粒体 DNA 在生命活动过程中的连续性。mtDNA 复制时所需要的 DNA 聚合酶、解旋酶等均由核基因编码。

二、线粒体蛋白质合成

线粒体内除含有 mtDNA 外，还含有 mtDNA 编码的 mRNA、tRNA 和 rRNA 及其蛋白质合成的其他组分，如氨基酸活化酶和线粒体核糖体等，这表明线粒体具备自身合成蛋白质的系统。通过电镜可观察到线粒体核糖体和多聚核糖体游离在线粒体基质中或结合在线粒体内膜上。线粒体核糖体的蛋白质是由核 DNA 编码的，在细胞质核糖体上合成后再转运到线粒体内装配成线粒体核糖体。同样，线粒体蛋白质合成时所需要的 RNA 聚合酶、线粒体氨酰 tRNA 合成酶和全部蛋白质因子（如起始因子、延伸因子、释放因子等）也都是由核 DNA 编码的。由于 mtDNA 含有的基因数量不多，因此由其编码合成的蛋白质十分有限，只占线粒体全部蛋白质的 10%，其余 90% 的蛋白质都是由核基因编码的。

研究表明，线粒体的蛋白质合成与原核细胞相似，而与真核细胞不同：①线粒体蛋白质合成时，mRNA 的转录和翻译这两个过程几乎在同一时间和同一区域进行；②线粒体蛋白质合成的起始 tRNA 为甲酰甲硫氨酰 tRNA；③线粒体的蛋白质合成系统对药物的敏感性与细菌一致，而与细胞质系统不一致，如氯霉素可抑制细菌和线粒体的蛋白质合成，而不抑制细胞质基质中的蛋白质合成。放线菌酮可抑制细胞质基质中的蛋白质合成，而不抑制线粒体和细菌的蛋白质合成。另外，mtDNA 所用的遗传密码与核基因的通用遗传密码也不完全相同（表 4-2）。例如，UGA 编码色氨酸，而不作为终止密码子；AUA 编码甲硫氨酸，而不编码异亮氨酸；AGA 和 AGG 不编码精氨酸，而作为终止密码子；AUU、AUC 也可作为起始密码子。

表 4-2　通用密码子与线粒体遗传密码子的差异

密码子	通用密码子	哺乳类线粒体密码子	酵母线粒体密码子
UGA	终止密码子	色氨酸	色氨酸
AUA	异亮氨酸	甲硫氨酸	甲硫氨酸
CUA	亮氨酸	亮氨酸	苏氨酸
AGA	精氨酸	终止密码子	精氨酸
AGG			

三、线粒体的半自主性

线粒体有其自身的 DNA 和蛋白质合成体系（mRNA、rRNA、tRNA、核糖体和氨基酸活化酶等），即有其独立的一套遗传物质，这表明线粒体有一定的自主性。但线粒体的自主性是很有限的，因为 mtDNA 的分子量很小，其自身的遗传信息所编码的多肽数量有限。线粒体大部分蛋白质是由核基因编码的，在细胞质中合成后转运到线粒体的功能位点，其复制和增殖由两套遗传体系控制。同时，线粒体的遗传系统受到细胞核遗传系统的支配和控制，线粒体基因组的复制与表达所需要的许多酶是由核基因编码的，所以线粒体是一个半自主细胞器（semi-autonomous organelle）。

第五节　线粒体的增殖和起源

一、线粒体的增殖

细胞内的线粒体一直处于不断更新的状态。一方面，衰老和病变的线粒体被溶酶体消化分解；另一方面，通过增殖可不断生成新的线粒体。以往关于线粒体的增殖有不同的观点：一种观点认为，线粒体是在细胞质中重新形成的；另一种观点认为，线粒体是由原来的线粒体通过分裂或出芽方式而生成的。近年来研究结果普遍认为，线粒体是依靠自身分裂或出芽进行增殖的。

线粒体的增殖有以下三种分裂方式（图 4-11）：①间壁分裂，这种分裂方式主要是由线粒体内膜向中心内褶形成间壁，或者是某一个嵴的延伸。当其延伸到对侧内膜时，线粒体即一分为二，形成只有外膜相连的两个独立的细胞器。然后，线粒体外膜也随之分离。

例如，鼠肝细胞线粒体即通过间壁分裂方式进行增殖。②收缩分裂，分裂时，线粒体中央部分收缩，并向两端拉长，中央就逐渐成为很细的颈，整个线粒体即呈哑铃状，最后再断裂为两个线粒体。酵母细胞线粒体一般以这种方式进行增殖。③出芽分裂，线粒体上先向外突出形成芽体，然后芽体与母线粒体分离，并逐渐长大，独立后形成新的线粒体。酵母细胞线粒体增殖也常见这种分裂方式。

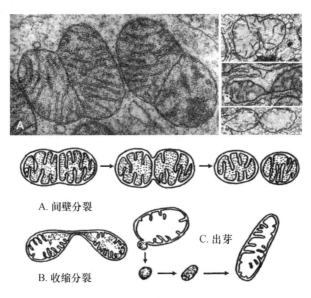

A. 间壁分裂

C. 出芽

B. 收缩分裂

图 4-11　线粒体增殖方式图解

二、线粒体的起源

关于线粒体的起源目前存在两种假说：内共生假说（endosymbiotic hypothesis）和非内共生假说（non-endosymbiotic hypothesis）。近年来，由于内共生假说得到越来越多的证据支持，因而被广泛认可。

（一）内共生假说

内共生假说认为，线粒体来源于细菌。线粒体的祖先是一种可进行三羧酸循环和电子传递的革兰氏阴性需氧菌，而真核细胞的祖先是一种厌氧的、具有吞噬能力的原始真核细胞，通过糖酵解获得能量。当这种细菌被原始真核细胞吞噬后，细菌没有被消化，而是留在细胞内。这种需氧菌不仅能进行糖酵解，而且能利用氧气把糖酵解所产生的丙酮酸进一步氧化，并在此过程中释放大量能量。原始真核细胞利用细菌的氧化分解可以获得更多的能量，而细菌也可从原始真核细胞中获得更多的营养和适宜的生存环境。这样，它们之间就形成了互利的共生关系。经过长期的演化，细菌对原始真核细胞的依赖性增强，并逐渐丧失了自己固有的一部分基因，从而演变成为线粒体。

支持内共生假说的依据是：①线粒体 DNA 呈环状，且不与组蛋白结合，这与真核细胞不同，而与细菌相似；②线粒体核糖体为 70 S，与细菌相同，而真核细胞的核糖体为80 S；③线粒体的蛋白质合成过程有细菌类似，并与 mRNA 的合成相偶联，蛋白质合成的起始 tRNA 也是 N-甲酰甲硫氨酰 tRNA，蛋白质的合成也都受到氯霉素、红霉素的抑制，这些都与真核细胞蛋白质合成过程截然不同；④线粒体的内膜和外膜在结构与功能上有很大的差别，线粒体外膜与真核细胞的滑面内质网相似，而线粒体内膜与细菌的质膜相似；⑤线粒体的增殖方式与细菌一样，均为直接分裂。

（二）非内共生假说

这一假说认为，真核细胞的前身是一种进化程度很高的需氧菌，其呼吸链和氧化磷酸化系统位于细胞膜和细胞膜内陷的结构上。在进化过程中，质膜不断内陷、折叠，并分化形成线粒体。

第六节　线粒体与疾病

线粒体是细胞内重要而敏感的细胞器，它不仅为细胞提供能量，也与细胞凋亡、细胞衰老、信号转导以及氧自由基的产生等生命活动密切相关。维持线粒体结构和功能的正常，对于细胞的生命活动至关重要。一旦线粒体出现功能障碍，就可能导致机体发生疾病。目前已经确定，在线粒体中发挥功能的蛋白质有 900 多种。如果编码这些蛋白质的基因发生了有害突变，蛋白质的功能就有可能受到影响甚至丧失，进而导致机体发生疾病。由于遗传缺陷引起线粒体代谢酶缺陷，致使 ATP 合成障碍、能量来源不足导致的疾病称为线粒体病（mitochondrial disease，MD）。

线粒体病主要发生在能量消耗较多的组织和器官，其表型与氧化磷酸化缺陷的严重程度及各器官系统对能量的依赖程度密切相关。脑、骨骼肌、心脏、肾、肝对能量的依赖程度依次降低。因此，当线粒体内 ATP 合成减少时，最先受损的是中枢神经系统，其次为肌肉、心脏、肾和肝。临床常见的线粒体病包括莱伯遗传性视神经病变（Leber hereditary optic neuropathy，LHON）、线粒体肌病、脑肌病、线粒体心肌病、帕金森病和非胰岛素依赖型糖尿病等。

莱伯遗传性视神经病变是第一个被鉴定出与 mtDNA 点突变有关的母系遗传疾病，临床主要表现为视力减退。患者多在 18～20 岁发病，以男性多见，个体细胞中 mtDNA 突变比例超过 96% 时可发病，低于 80% 时男性患者症状不明显。临床表现为双侧视神经严重萎缩引起的急性或亚急性双侧中心视力丧失，病变可累及神经、心血管、骨骼肌等，引起头痛、心律失常和癫痫性肌病等。

线粒体肌病为肌细胞线粒体异常所导致的疾病，患者以多汗、体重减轻和基础代谢异常亢进为主要临床症状。患者骨骼肌细胞线粒体缺少某种酶，引起线粒体基质转运障碍、利用障碍、氧化磷酸化障碍或呼吸链障碍，使肌细胞呈粗糙的红色肌纤维。由于本病常累及脑或全身脏器，故又称线粒体脑病或线粒体细胞病。

克山病是一种线粒体心肌病，于 1935 年在黑龙江省克山县首先被发现。临床表现主要有心脏增大、急性或慢性心功能不全以及各种类型的心律失常，严重者可发生猝死。本病由硒元素缺乏而引起。电镜检查发现，患者心肌细胞线粒体内含有较多的电子致密物，为无定型蛋白质凝聚物。线粒体膨胀，嵴稀少且不完整。生化检查发现，患者心肌细胞线粒体内琥珀酸脱氢酶、细胞色素氧化酶、ATP 合酶活性明显降低，导致电子传递、氧化磷酸化偶联以及 ATP 生成均受到显著影响。由于硒对线粒体膜有稳定作用，所以口服亚硒酸钠可用于防治克山病。

目前已知的线粒体疾病绝大多数来源于编码线粒体蛋白质的基因缺失或缺陷，可见线粒体 DNA（mtDNA）突变率远高于细胞核 DNA。现已发现 100 余种由线粒体 DNA 突变而引起的人类疾病。由于 mtDNA 缺少组蛋白的保护，并且没有 DNA 损伤修复系统，所以其突变率很高。mtDNA 突变可能发生在所有组织细胞中，包括体细胞和生殖细胞。线粒体 DNA（mtDNA）为母系遗传（maternal inheritance），即母亲将 mtDNA 传递给所有子女，但只有女儿能将其 mtDNA 传递给下一代。这种遗传方式非常特殊，是母体对子代的垂直遗传，不受子代性别的影响。这是由于受精卵的全部线粒体 DNA 均来自卵细胞，精子不提供任何线粒体。线粒体 DNA 缺陷的一个特点是不同家系之间、不同个体之间的临床表现可以有很大的差异，其原因是细胞内发生 DNA 突变的线粒体数量与正常线粒体数量的比例。只有当含有突变型 DNA 的线粒体超过一定数量时，才能引起细胞功能异常，这就是阈值效应（threshold effect）。在有丝分裂过程中，不仅子代细胞内正常线粒体与突变 DNA 线粒体的比例可能与亲代细胞不同，而且两个子代细胞之间也不相同。子代细胞之间线粒体的差异，可造成不同组织的细胞之间线粒体成分的差异，因此同一家系的不同个体，由于各种组织线粒体 DNA 突变比例不同，其临床表现就可能有不同。

小　结

线粒体是光镜下可见的细胞器。电镜下可见，线粒体是由两层单位膜堆叠而成的封闭结构。线粒体外膜上有孔蛋白，通透性高；线粒体内膜通透性低，向基质折叠突起形成嵴；线粒体内膜和嵴上有许多基粒，为 ATP 合酶，是合成 ATP 的关键装置；线粒体内膜上有许多参与电子传递的酶类。线粒体基质中含有与三羧酸循环、mtDNA 合成和表达相关的酶。

线粒体是细胞内的能量转换器，是细胞氧化磷酸化和 ATP 合成的主要场所。细胞氧化分为四个阶段：葡萄糖在细胞质内经糖酵解转换成丙酮酸；丙酮酸透过线粒体膜进入线粒体而形成乙酰辅酶 A；乙酰辅酶 A 在线粒体基质经过三羧酸循环生成 $FADH_2$ 和 NADH；随后进入呼吸链进行氧化磷酸化，最终生成 ATP、CO_2 和水。关于线粒体氧化磷酸化的机制，被广泛认可的理论是英国生化学家 Mitchell 于 1961 年提出的化学渗透假说。

mtDNA 所编码的遗传信息有限，虽然线粒体有其自身的蛋白质合成系统，但线粒体内大多数蛋白质和酶是由核 DNA 编码的。因此，线粒体是一种半自主细胞器。有关线粒体的起源的假说主要有内共生假说和非内共生两种假说。线粒体通过分裂进行增殖。线粒体功能障碍引起的疾病称为线粒体疾病，主要由线粒体 DNA 突变所致。

（李　文）

习题

一、单项选择题

1. 线粒体嵴来源于

    A. 外膜   B. 膜间腔   C. 内膜   D. 基质颗粒

2. 线粒体在氧化磷酸化过程中生成的是

    A. GTP   B. cAMP   C. ATP   D. ADP

二、简答题

1. 简述线粒体的超微结构。

2. 简述细胞呼吸及其主要过程。

3. 简述化学渗透假说的主要内容。

4. 电子传递链和氧化磷酸化之间有何关系？

5. 怎样理解线粒体是一个半自主细胞器？

6. 内共生假说的主要内容是什么？有哪些证据支持该假说？

第五章 细胞核

细胞核（nucleus）是真核细胞内最大、最重要的细胞器，是遗传物质储存、复制和转录的场所，是细胞生命活动的控制中心，也是区别原核生物和真核生物最重要的标志之一。

大多数哺乳动物细胞只有一个细胞核，但肝细胞、心肌细胞、肾小管细胞和软骨细胞常有双核或多核，而破骨细胞和骨骼肌细胞的细胞核可多达数百个。当细胞核退化或通过人工处理去掉细胞核后，细胞不久即会死亡。在某些成熟细胞中，细胞核不复存在，如哺乳动物红细胞一旦成熟，便会失去细胞核，但在之后120多天内仍然可以正常行使功能。当然，无核细胞在体内只占极少数。

第一节 细胞核的形态与结构

细胞核的大小因物种不同而异。高等动物细胞核的直径通常为 5 ~ 10 μm，高等植物细胞核的直径通常为 5 ~ 20 μm，而低等植物细胞核则相对较小，直径只有 1 ~ 4 μm。不同状态下，细胞核的大小也有所不同。生长旺盛的细胞，如卵细胞、肿瘤细胞，细胞核较大；而分化成熟的细胞，则细胞核较小。细胞核的形态一般为圆形或椭圆形，但不同物种和类型的细胞，其形状也会有较大的差异，如中性粒细胞的核呈分叶状，还可呈杆状、带状和枝状。大多数细胞的核位于细胞中央。

细胞核的大小可用核质比（NP）表示。用公式表示为：$NP=Vn/(Vc-Vn)$。式中 Vn 代表细胞核体积，Vc 代表细胞总体积。核质比越高，表示核越大；反之，则表示核越小。核质比与生物种类、细胞类型、发育时期、生理状态及染色体倍数等因素有关，如胚胎细胞、淋巴细胞和肿瘤细胞的核质比较大，而角质细胞和衰老细胞的核质比较小。

细胞核可伴随细胞的增殖过程而呈现周期性的变化。在细胞分裂期，核膜裂解，各种成分重新分配，无法观察到完整的细胞核形态；只有在间期细胞中才能观察到细胞核的完整结构。间期细胞核的基本结构包括：由内外双层膜构成的核膜、双层核膜间的核周隙、穿过双层核膜的核孔、紧贴核膜内层的核纤层、主要由非组蛋白纤维组成的核基质（核骨架）、染色质及电子密度较高的核仁（图 5-1）。

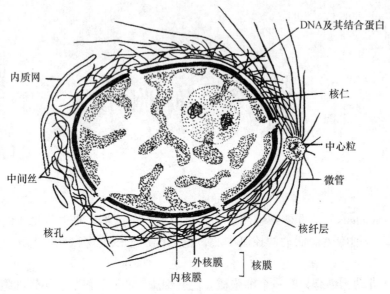

图 5-1　细胞核模式图

第二节　核膜与核孔复合体

一、核膜

核膜（nuclear membrane）即核被膜（nuclear envelope），是细胞核与细胞质之间的界膜，由内、外两层单位膜组成，将细胞分隔成细胞核和细胞质两个区域。遗传物质的复制和转录在细胞核内进行，而蛋白质合成则在细胞质中进行。核膜的存在可保证细胞各种生命活动之间互不干扰而又有条不紊地进行，并能保护核内的 DNA 分子免受由于细胞骨架运动所产生的机械力损伤。

核膜由两层单位膜组成，分为面向细胞质的外核膜（outer nuclear membrane）和面向核质的内核膜（inner nuclear membrane），厚度均为 4 ~ 10 nm。外核膜常与内质网相连，其外表面附有大量的核糖体颗粒。内、外核膜之间的腔隙为核周隙，其与内质网腔相通，因此可将外核膜视为内质网膜的一个特化区域。在细胞分裂间期，外核膜与中间丝、微管等细胞骨架相连，与细胞核在细胞内的定位有关。内核膜表面光滑、无核糖体颗粒附着，但与浓集的染色质紧密接触。内核膜含有一些与核纤层相关的特异性结合蛋白质，如核纤层蛋白 B（lamin B）的受体等，可使核纤层紧密地结合在内核膜上。

二、核周隙

内、外核膜之间形成宽为 20 ~ 40 nm 的腔隙，称为核周隙（perinuclear space），又称核周池（perinuclear cistern）。核周隙与粗面内质网腔相连，腔内充满液态的无定形物质，内含多种蛋白质和酶。

三、核孔复合体

内、外核膜在一定部位相互融合而形成一些环状开口，直径约为 9 nm，称为核孔（nuclear pore）。核孔普遍存在于真核生物各种间期细胞的核膜上，是细胞核与细胞质之间进行物质交换的主要通道。核孔的数量因细胞种类、生理状态、转录活性不同而有较大差异。一般来说，一个哺乳动物细胞内的核孔数量为 3000 ~ 4000 个。在增殖与代谢旺盛的细胞中，核孔数量多，而静息细胞的核孔数量少。此外，细胞转录活性较高时，核孔的数量也会增加，反之则会减少。

（一）核孔复合体的结构

研究表明，核孔实际上是由多种蛋白质组成的复杂而有规律的复合体结构，称为核孔复合体（nuclear pore complex，NPC）。核孔复合体的相对分子量很大，在脊椎动物中约为 125 MDa（1 MDa=1×10^6 Da），为核糖体分子量的 30 倍。核孔复合体的结构至今尚未明确，已提出多种结构模型。其中，影响较大的是 Goldberg 等于 1992 年提出的模型（图5-2），认为核孔复合体主要由以下几部分组成：①胞质环，位于核孔胞质面（外核膜）一侧的整个边缘，又称外环。从环上向胞质伸出 8 条对称分布的短纤维，称为胞质纤维。②核质环，位于核孔核质面（内核膜）一侧的整个边缘，又称内环。从环上向核中心伸出 8 条对称分布的长纤维，纤维的末端止于一个直径约为 60 nm 的一个小环，称为端环。整个核质环的结构类似捕鱼笼，所以又将其称为核篮。③辐，分为两个部分，一部分为八根柱状结构，位于胞质环（外环）和核质环（内环）之间，相当于"八根台柱"支撑着两个环；另一部分是由这"八根台柱"向核孔中心辐射出的结构，呈八重对称分布，与汽车方向盘上的盘辐类似，区别在于方向盘的盘辐最多只有五辐。辐能够有效支撑内环和外环。④中央颗粒，又称中央栓，位于核孔的中心，呈颗粒状或棒状，在细胞核与细胞质的物质交换中起转运蛋白的作用，故又称为中央运输体。整个核孔复合体的结构是相对稳定的，保证了核内、外的物质交流，同时它又是一个可调控的物质运输通道。

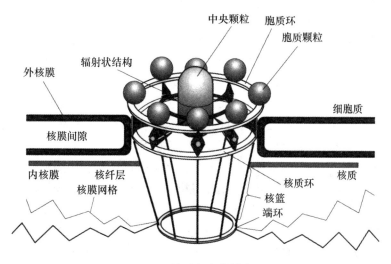

图5-2 核孔复合体模式图

（二）核孔复合体的功能

核孔复合体是细胞核与细胞质之间物质交换的通道，因此，可以将其视为一种特殊的跨膜运输蛋白复合体。核孔复合体介导的运输方式主要包括两种：被动运输（自由扩散）和主动运输。核孔复合体可作为一种亲水性的被动运输通道，呈管柱状，其内充满液体，管径为 9 ~ 10 nm、长 15 nm 左右，只允许离子和水溶性小分子通过核孔进行自由扩散。研究表明，分子的扩散速度与核孔的大小呈反比。分子量小于 5 kD 的分子可以自由扩散，分子量大于 17 kD 的分子扩散速度很慢，而分子量超过 60 kD 的分子则很难扩散。

另外，核孔复合体也能参与主动运输，与细胞膜主动运输一样，具有高度选择性和双向性，既可介导核蛋白入核，又可介导 RNA 和核糖核蛋白（ribonucleoprotein，RNP）出核。核孔复合体主动运输的主要特点是：①核孔的直径可根据运输物质的大小进行自我调节，如在主动运输过程中核孔直径为 9 nm，有时甚至可达 29 nm。②核孔复合体的主动运输是一个信号识别与载体介导的过程，需要消耗 ATP 来提供能量。③核孔复合体的主动运输具有双向性，某些参与复制、转录、染色体构建和核糖体亚基组装的分子（如 DNA 聚合酶、RNA 聚合酶、组蛋白和核糖体蛋白）需要从细胞质转运到细胞核内，而翻译所需的 RNA 和装配好的核糖体亚基等物质需要从细胞核转运到细胞质内。有的蛋白质或 RNA 分子可多次穿越核孔复合体，如 Ran 蛋白、核小 RNA 等。

1. 核转运信号　通过核孔复合体主动转运蛋白质的去向主要由其序列中的定位信号所决定。例如，核蛋白入核的选择性转运依靠核定位信号（nuclear localization signal，NLS）。大分子物质出核需要的特殊转运信号，称为核输出信号（nuclear export signal，NES）。另外，有的蛋白质需要往返于核质和胞质之间，这些蛋白质既有 NLS，又有 NES。大分子就是通过这种定位信号介导的方式进行跨膜运输的。

2. 入核转运　亲核蛋白（karyophilic protein）是指在细胞质合成后需要或能够进入细胞核内发挥功能的一类蛋白质。大多数典型的亲核蛋白（如组蛋白、核纤层蛋白等）在一个细胞周期中一次性被转运到核内，并停留在核内行使功能；但也有一些亲核蛋白（如核转运蛋白）需要穿梭在细胞核与细胞质之间进行功能活动。近年来，通过对亲核蛋白的入核转运过程进行研究，人们对某些物质核转运的分子机制有了一定的了解。现已证实，亲核蛋白一般都含有一段特殊的氨基酸序列，这段短肽就是核定位信号（NLS），具有核定位功能，从而保证了整个蛋白质能够通过核孔复合体被转运到细胞核内。利用重组 DNA 技术已确定许多亲核蛋白的核定位信号区域，它们可以存在于氨基酸序列的任何一个部位，通常只包含一个很短的序列，有 4 ~ 8 个氨基酸残基。

亲核蛋白通过核孔复合体的转运过程不仅需要 NLS，还需要一些胞质蛋白（如核转运蛋白、Ran 蛋白等）的协助（图 5-3）。在细胞质中，亲核蛋白首先与核转运蛋白 α、核转运蛋白 β 结合形成转运复合体。然后在核转运蛋白 β 的介导下，转运复合体与核孔复合体的胞质纤维相结合，引起核孔复合体的构象发生改变，将转运复合体从胞质面转运到核质面。在核质中，Ran-GTP 蛋白通过与核转运蛋白 β 的相互作用使转运复合体解离，从而使亲核蛋白以游离形式存在于核质中。核转运蛋白 β 与 Ran-GTP 一起通过核孔复合体转运回胞质面，在胞质中与 Ran-GTP 水解为 Ran-GDP，并释放核转运蛋白 β。之后，Ran-GDP

还可以返回细胞核内，再转换成 Ran-GTP。这样，核转运蛋白与 Ran 蛋白可以被循环利用。蛋白质的入核转运过程需要消耗能量。

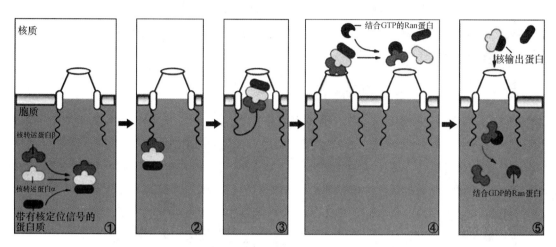

图 5-3　亲核蛋白入核转运过程示意图

3. 出核转运　核孔复合体对于大分子的转运是双向的，同一核孔复合体既能将物质运进核内，也能将物质输出细胞核。在细胞核中合成并加工成熟的 mRNA、各种 tRNA 以及 rRNA 与核糖体蛋白形成的核糖核蛋白颗粒等物质，均需通过核孔复合体由胞核运至胞质。细胞核中这些成分的转运过程也是一个具有高度选择性的信号引导过程，需要特殊的转运信号，即核输出信号（NES）。RNA 的出核转运实际上是 RNA- 蛋白质复合体的转运。相关蛋白质上带有的 NES 能够被核孔复合体上的输出受体识别。此外，核内各种蛋白质的转运也需要相关蛋白质的协助，并需要消耗能量。

四、核纤层

（一）核纤层的结构

核纤层（nuclear lamina）是紧贴细胞核内膜处的一层由纤维蛋白组成的网络结构，在所有真核细胞中普遍存在，其厚度为 30 ~ 100 nm，并因细胞种类不同而有差异。核纤层是由直径约为 10 nm 的核纤层蛋白（lamin）纤维纵横排列、相互交织而成的网状纤维蛋白层，具有锚定核孔复合物、连接核膜蛋白与染色质的功能。在脊椎动物中，核纤层由 3 种属于中间丝的多肽组成，分子量为 60 ~ 80 kD，分别称为核纤层蛋白 A、B、C。它们在细胞内核膜下与染色质之间形成了一层网络状结构。在近核膜一侧，核纤层蛋白 B 与细胞内核膜中的整合膜蛋白核纤层蛋白 B 受体相结合；在近染色质一侧，核纤层蛋白 A、C 则可与染色质上的特殊位点相结合，为染色质提供附着位点。

（二）核纤层的功能

核纤层作为支撑细胞核的结构，在 DNA 复制、转录和细胞凋亡及细胞分裂过程中对核膜的破裂、崩解和重建起重要的调节作用。

1. 与核膜崩解和核膜重建密切相关　核纤层可维持核膜的完整性与稳定性，为核膜提供支架，与核膜的破裂、崩解和重建密切相关。在分裂前期，核纤层蛋白被磷酸化而解聚。核纤层蛋白 A 以可溶性单体形式分散在细胞质中，核纤层蛋白 B 结合在核膜小泡上，核纤层结构被破坏，导致核膜破裂、崩解；同时，核孔复合体解聚成不同的成分。核纤层的解聚是核膜破裂、崩解的前提。当细胞进入分裂末期时，核纤层蛋白由于去磷酸化而重新聚集形成核纤层，与核纤层蛋白相结合的核膜小泡重新形成完整的核膜，核孔复合体也随之重新形成（图 5-4）。

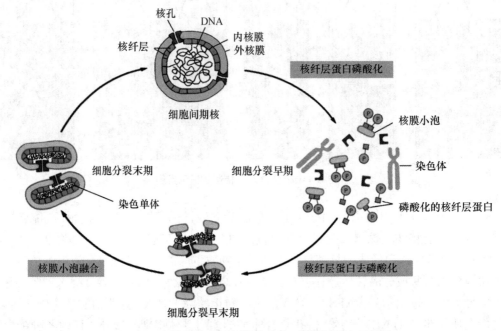

图 5-4　有丝分裂过程中核膜破裂、崩解与重建示意图

2. 对基因转录调控具有重要作用　核纤层可为染色质提供锚定位点，介导核膜与染色质之间的相互作用，从而保证真核细胞中染色质结构的高度有序性，对基因转录调控具有重要作用。

3. 与染色质的凝集和染色体的解聚密切相关　染色质需要锚定在核纤层上才能凝集为染色体。在细胞分裂末期，染色体需要附着在新合成的核纤层上才能解聚为染色质。

第三节　染　色　质

染色质（chromatin）是间期细胞核内能被碱性染料染色的物质，是由 DNA、组蛋白、非组蛋白及少量 RNA 组成的线性复合结构，是间期细胞中遗传物质存在的形式。染色质的形态随着细胞周期的不同而发生变化。间期细胞染色质在光镜下呈细网状不规则形态结构；当细胞进入有丝分裂期后，染色质组装成形态不同而又各具特征的高度凝集的、能在光镜下被看到的棒状结构，称为染色体（chromosome）。

一、染色质的化学组成

（一）染色质 DNA

DNA 是染色质的重要成分，是遗传物质的载体，也是核内 DNA 复制和 RNA 转录的模板。生物的遗传信息存在于 DNA 分子的核苷酸序列中。某种生物体全部染色体上遗传物质的总和称为该生物体的基因组（genome）。真核细胞基因组由较少的只有一个拷贝的 DNA 序列（单一序列）和具有多个拷贝并反复出现的 DNA 序列（重复序列）组成。真核基因组序列可分为两大类，一类为非编码序列，绝大多数为重复序列；另一类为编码序列，在基因组中只占很小的比例，多数是单拷贝，约 1/3 是多拷贝或低拷贝。正常人群中不同个体间最本质的遗传差异是由碱基序列差异所导致的等位基因不同，由此构成 DNA 的多态性，表现为：① DNA 片段长度的多态性，又称限制性片段长度多态性，是由于单个碱基的缺失、重复和插入所引起的限制性内切酶位点和数目的变化，所导致 DNA 酶切片段长度出现差异的现象。这是一类比较普遍的多态性。② DNA 重复序列的多态性，特别是短串联重复序列，如小卫星 DNA 和微卫星 DNA，主要表现于重复序列拷贝数的变异；③单核苷酸多态性，是指在基因组水平上由单个核苷酸的变异（包括缺失、插入及置换）所引起的 DNA 序列多态性。它是人类可遗传变异中最常见的一种，占所有已知多态性的 90% 以上，被认为是新一代的遗传标记。

（二）染色质蛋白质

染色质蛋白质即染色质 DNA 结合蛋白，主要负责 DNA 分子遗传信息的组织、复制和阅读。这些 DNA 结合蛋白包括两类：①组蛋白（histone），与 DNA 非特异性结合，是真核细胞特有的结构蛋白，属于碱性蛋白质，富含精氨酸和赖氨酸等碱性氨基酸，可与带负电荷的双螺旋 DNA 结合成 DNA- 组蛋白复合物，是构成染色质的主要蛋白质成分。组蛋白在细胞中可发生多种修饰，其中乙酰化最为常见，一般发生在 N- 末端的组氨酸和赖氨酸残基上，其他修饰有甲基化和磷酸化。组蛋白的这些修饰对于维持染色体结构和功能的完整性具有关键性作用。用聚丙烯酰胺凝胶电泳可以将组蛋白分为五种成分：即 H_1、H_{2A}、H_{2B}、H_3 和 H_4。几乎所有真核细胞都含有这 5 种组蛋白，且含量丰富。②非组蛋白（nonhistone protein，NHP），主要是指染色体上与特异 DNA 序列相结合的蛋白质，又称序列特异性 DNA 结合蛋白。非组蛋白是真核细胞特有的一类酸性蛋白质，富含天门冬氨酸、谷氨酸等酸性氨基酸，带负电荷，种类可达数百种，在整个细胞周期都能合成，而组蛋白只在 S 期合成。

染色质中的核糖核酸（ribonucleic acid，RNA）的含量很低，占 1% ~ 3%，在不同物种中变化也很大，可能与组蛋白和 DNA 相互作用的位置有关。

二、染色质的结构

（一）一级结构——核小体

染色质的基本结构单位是核小体（nucleosome），由 DNA 双链包装而成，是染色质的一级结构。1974 年，科恩伯格（R. Kornberg）通过大量研究证实，真核细胞的染色质是由一系列核小体相互连接成的念珠状结构。核小体的结构特点：①每个核小体单位包括 200 bp 左右的 DNA 超螺旋和一个组蛋白八聚体以及一个组蛋白 H_1。②组蛋白八聚体构成核小体的盘状核心结构，由两个 H_{2A}/H_{2B} 和两个 H_3/H_4 共四个异二聚体组成。③一段长度为 146 bp 的 DNA 超螺旋盘绕组蛋白八聚体 1.75 圈。组蛋白 H_1 在核心颗粒外结合额外 20 bp DNA，锁住核小体 DNA 的进出端，起稳定核小体的作用。由组蛋白 H_1 和 166 bp DNA 组成的核小体结构又称染色质小体（图 5-5）。④两个相邻核小体之间以连接 DNA（linker DNA）相连，其平均长度为 60 bp。⑤组蛋白与 DNA 之间的相互作用主要是结构性的，基本不依赖于核苷酸的特异序列。观察发现，正常情况下未与组蛋白结合的 DNA（如噬菌体 DNA 或人工合成的 DNA），一旦与动、植物中分离纯化的组蛋白共同孵育，就可以在体外重新装配成核小体亚单位。这表明核小体具有自我装配的特性。⑥核小体沿 DNA 的定位受不同因素的影响。例如，非组蛋白与 DNA 特异位点的结合可影响邻近核小体的相位；DNA 盘绕组蛋白核心的弯曲也是核小体相位的影响因素，因为富含 AT 的 DNA 片断优先存于 DNA 双螺旋小沟，面向组蛋白八聚体，而富含 GC 的 DNA 片断则优先存在于 DNA 双螺旋的大沟，背向组蛋白八聚体，结果使核小体倾向于形成富含 GC 区的理想分布，从而通过核小体相位的改变影响基因表达。

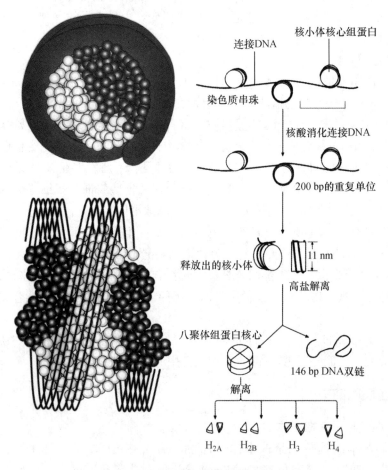

图 5-5　核小体的性质及结构要点示意图

（二）二级结构——30 nm 纤维

人体细胞所含基因组 DNA 有 3×10^9 个核苷酸，若把它们线性排列，总长可达 2 m。而细胞核直径只有 5 μm，在如此小的空间中充塞数量庞大的 DNA 分子，必须将其高度压缩。DNA 的有序压缩是染色质的一大特点。在组蛋白 H_1 的介导下，核小体彼此连接而形成直径约 11 nm 的核小体串珠结构，这是染色质包装的一级结构。以此为基础，在组蛋白 H_1 的参与下，形成外径为 30 nm、内径为 11 nm，每圈 6 个核小体的核小体串珠螺旋盘绕结构，称为螺线管（solenoid）。但也有人认为，核小体包装可能是另一种类似于锯齿状的形式。关于是由螺线管还是由锯齿状形式组成染色质包装的二级结构，学术界仍存在争议。

（三）三级结构——超螺旋管

30 nm 纤维进一步螺旋化形成直径为 0.4 μm 的圆筒状结构，称为超螺旋管（super solenoid），这是染色质包装的三级结构。1977 年，Bak 等用人胚胎成纤维细胞的染色体进行研究，在一种特殊的染色体分离缓冲液中培养短时间后，电镜下看到直径为 0.4 μm，长 11~60 μm 的线，称为单位丝。在电镜下进一步观察单位丝的横切面，可见由 30 nm 的螺线管进一步螺旋化形成的圆筒状结构，故称为超螺旋管。从螺线管到超螺旋管，DNA 长度压缩为 1/40。另一种染色体三级结构模型是袢环结构模型，即螺线管在非组蛋白构成的染色体骨架的许多位点上形成袢环，一般以 18 个袢环呈放射状平面排列在骨架上形成微带，这是染色体的高级结构单位。

（四）四级结构——染色单体

超螺旋管进一步螺旋折叠，形成长 2~10 μm 的染色单体（chromatid），即染色质包装的四级结构。染色单体是由一条连续的 DNA 分子长链经过四级盘旋折叠而形成的。根据多级螺旋模型，从 DNA 到染色体经过四级包装。

由此可见，染色质 DNA 经过一系列复杂的压缩过程，形成荷载整个基因组遗传信息的染色体。这一压缩过程为 DNA →（压缩到 1/7）核小体→（压缩到 1/6）30 nm 纤维→（压缩到 1/40）超螺旋管→（压缩到 1/5）染色单体，共压缩近万倍（图 5-6）。

三、常染色质和异染色质

间期细胞核染色质按其形态和着色特征分为两种类型：常染色质与异染色质。

（一）常染色质

常染色质（euchromatin）是指包装松散的有转录活性的染色质，具有弱嗜碱性，在间期细胞核中为解旋的细纤维丝，在光镜下呈透明状态，难以辨认；在电镜下呈浅亮区，多位于细胞核中央。常染色质的一部分介于异染色质之间，如在浆细胞中，常染色质和异染色质相间形成典型的车轮状图形。在核仁结合染色质中也有一部分常染色质，往往以袢环的形式伸入核仁内。

常染色质含有单一和重复序列的 DNA，在一定条件下可进行复制和转录，用同步化培养细胞证实，常染色质多在 S 期的早、中期复制，是正常情况下经常处于功能活跃状态的染色质，从而控制着细胞的代谢和遗传。在细胞分裂期，常染色质位于染色体臂。

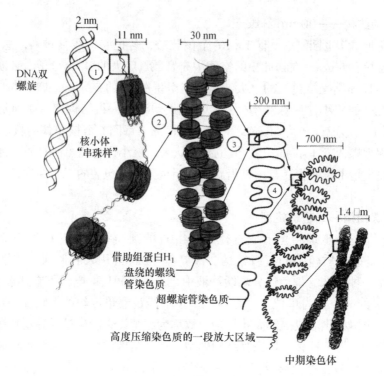

图 5-6　染色质压缩模式图

（二）异染色质

异染色质（heterochromatin）是指在细胞间期及分裂早期呈凝集状态的染色质，具有强嗜碱性，是染料着色深的块状结构。异染色质纤维折叠压缩程度高，在电镜下呈粗大颗粒状，直径约为 25 nm，散布在整个细胞核内，多分布在核膜内表面附近，还有部分与核仁结合，包围着核仁形成一层外壳，构成核仁结合染色质的一部分。异染色质的 DNA 分子与组蛋白等紧密结合，螺旋缠绕紧密，很少转录，功能上处于静止状态，是低活性的染色质。异染色质在分裂期位于着丝粒、端粒或排列于常染色质之间。异染色质可分为组成性异染色质（constitutive heterochromatin）及兼性异染色质（facultative heterochromatin）。组成性异染色质又称结构性异染色质，是指在整个细胞周期内都处于凝集状态的染色质，多定位于着丝粒、端粒和染色体臂的凹陷部位（邻近核仁组织区），含有大量 DNA 重复序列。用同步化培养细胞证实，组成性异染色质多在 S 期的晚期复制。兼性异染色质又称功能性异染色质，是在特定类型的细胞中，或在个体发育的特定阶段，由常染色质凝集成的异染色质。雌性哺乳动物体细胞核内的一对 X 染色体中的一条为常染色质，另一条则为兼性异染色质，后者在细胞间期固缩形成 X 染色质，受精后又转变为常染色质。人胚发育到 16 天后，一条 X 染色质就转变为巴氏小体，因此，通过检测羊水中胚胎细胞内的巴氏小体可以预测胎儿的性别。常染色质与异染色质相互转换，可能对基因表达的调控起一定的作用。

异染色质有多方面的功能，它可贮存遗传信息，也可作为转录的终止点，还可作为 DNA 聚合酶的起始点。在细胞分裂期，着丝粒可能对染色体分离起一定的作用。核仁组织区的异染色质含有 rRNA 编码基因，对转录 rRNA 有一定作用。此外，异染色质还可将染色体的基因组分隔成不同的功能部分。

第四节　染 色 体

染色体是细胞在有丝分裂阶段遗传物质存在的特定形式，是由间期细胞染色质纤维经过螺旋化、折叠、包装而成。染色体与染色质之间在化学组成上没有差异，二者只是在细胞周期不同阶段的不同称谓。

一、中期染色体的形态结构

染色体的形态观察常用分裂中期染色体。中期染色体达到了最大收缩，具有比较稳定的形态，它由两条相同的染色单体（chromatid）构成，这两条染色单体称为姐妹染色体（sister chromatid），二者在着丝粒处相互结合，每一条单体由一条 DNA 双链经过紧密的盘旋折叠而成，到了分裂后期两条染色单体分开。根据着丝粒在染色体上所处的位置，可将中期染色体分为四种类型（图 5-7）：两臂长度大致相等的中着丝粒染色体（metacentric chromosome）；两臂长度不等的近中着丝粒染色体（submetacentric chromosome）；具有微小短臂的近端着丝粒染色体（acrocentric chromosome）；着丝粒位于染色体端部的端着丝粒染色体（telocentric chromosome）。

染色体各部的主要结构包括主缢痕、次缢痕、核仁组织区、随体和端粒等。

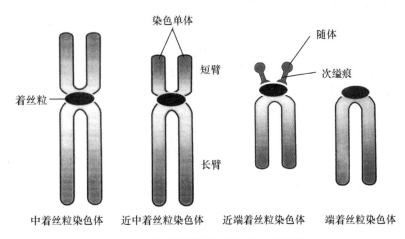

图 5-7　根据着丝粒位置将染色体分类

（一）主缢痕

中期染色体的两条姐妹染色单体连接处有一向内凹缩、着色较浅的缢痕，称为主缢痕（primary constriction），可将两条染色单体分为短臂（用 p 表示）和长臂（用 q 表示）两个臂。由于此处染色体的螺旋化程度低，DNA 含量少，所以着色很浅或不着色。主缢痕区域有两个特殊的结构，为着丝粒（centromere）和动粒（kinetochore）。着丝粒和动粒是两个不同的概念，着丝粒是指中期染色体的两条姐妹染色单体连接处，位于染色体的主缢痕处。着丝粒由高度重复的异染色质组成，其主要成分为 DNA 和蛋白质。动粒是指存在于主缢痕处着丝粒两侧的一对特化的三层圆盘状结构，由多种蛋白质构成，是细胞分裂时纺锤丝的附着部位，参与细胞分裂后期染色体向两极的移动。由于着丝粒与动粒共同组成一种复合结构，两者的结构成分相互穿插，在功能上紧密联系，共同介导纺锤丝与染色体的结合，因此哺乳动物细胞染色体主缢痕区域称为着丝粒 - 动粒复合体。

（二）次缢痕

在某些染色体上除主缢痕外的其他浅染缢缩部位称为次缢痕（secondary constriction）。其数量、位置和大小是某些染色体所特有的重要形态特征，因此也可以将次缢痕作为鉴定染色体的标记。并非所有染色体都有次缢痕结构。

（三）核仁组织区

在某些染色体的次缢痕处有一段含 rRNA 基因的染色体区域，rRNA 基因（如 18S rRNA、28S rRNA 及 5.8S rRNA）在此处合成。由于此处与间期细胞核仁的形成有关，故称为核仁组织区（nucleolus organizing region，NOR）。并非所有次缢痕都有 NOR。需要指出的是，5S rRNA 的合成不在核仁组织区进行，它是在核仁组织区以外合成后才进入该区域的。

（四）随体

位于某些染色体末端的球形或棒状结构称为随体（satellite），通过次缢痕区与染色体主体部分相连。随体是识别染色体的重要形态特征之一，有随体的染色体称为随体染色体（satellite chromosome），即 SAT 染色体。

（五）端粒

端粒（telomere）是染色体两个端部的特化结构，由高度重复的短序列核苷酸所组成，在进化上有高度保守性。其功能是保护染色体末端不发生融合和退化，在染色体定位、复制、保护和控制细胞生长及寿命方面具有重要作用，并与细胞凋亡、细胞转化和永生化密切相关。端粒具有细胞分裂计时器的作用。端粒核苷酸的复制与 DNA 基因组不同，每次复制减少 $50 \sim 100$ bp。端粒严重缩短是细胞老化的标志之一。某些具有无限增殖能力的细胞（如生殖细胞）具有端粒酶活性，能合成端粒 DNA，保证每次细胞分裂后其端粒长度不变。正常体细胞缺乏端粒酶，故端粒随细胞分裂而变短，细胞也即随之衰老。肿瘤细胞无限增殖的原因与其高表达端粒酶有关，使其可以在每次分裂后保持端粒长度不变，从而维持细胞永生化。

二、染色体 DNA 的三种功能元件

细胞传代过程中，为确保染色体的正确复制和稳定遗传，染色体应具备三种功能元件（functional element）：①自主复制 DNA 序列，具有 DNA 复制起始点，可支持染色体在细胞周期中进行自我复制，以维持染色体在世代传递中的连续性。②着丝粒 DNA 序列，是染色体着丝粒部位的关键序列，与染色体的分离有关，可确保细胞分裂时已完成复制的染色体能平均地分配到两个子细胞中。③端粒 DNA 序列，在人类为 TTAGGG 的高度重复序列，位于染色体两端，能避免核酸酶对染色体末端 DNA 序列的切割，以保持染色体的独立性和稳定性。上述三种功能序列使染色体具有自主复制、完整复制，以及将遗传物质平均地分配两个子细胞中的能力。

三、核型与染色体显带

核型（karyotype）是指某一类生物体（如动物、植物或真菌）体细胞在分裂中期展

示的全部染色体的总和，按数目、大小和形态特点等进行排列所构成的图像。核型分析是在对细胞内所有染色体进行测量计算的基础上，进行分组、排队、配对并进行形态分析的过程。核型分析对于探讨人类遗传病的机制、物种亲缘关系及其与远缘杂种的鉴别等都有重要意义。将一个生物体的全部染色体逐个按其特征绘制出来，再按其长短、形态等特征排列起来的标准图像称为核型模式图，它代表一个物种的核型模式特征（图5-8）。

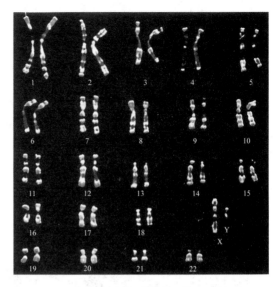

图 5-8 正常男性核型模式图

染色体显带（chromosome banding）技术的出现是细胞遗传学、分子遗传学和细胞工程学研究中的一个重大突破。显带技术最重要的应用是可以明确鉴别一个核型中的任何一条染色体，甚至某一个易位片段。同时，显带技术还可用于染色体基因定位和研究物种的核型进化以及可能的进化机制。染色体特征在分裂中期最为明显，包括染色体的数目和长度、着丝粒位置，随体与次缢痕的数目、大小、位置，以及异染色质和常染色质在染色体上的分布等。常用的染色体显带法主要有 Q 带法、G 带法、C 带法、R 带法、T 带法和 N 带法等。

第五节 核 仁

核仁（nucleolus）是真核细胞间期核内最明显的结构，是细胞核的一个重要组成部分，在光镜下呈单一或多个匀质的球形致密结构，具有较强的折光性，易着色，没有膜包围。核仁的形态、大小和数目因生物的种类、细胞形状和生理状态不同而异。在同一有机体的不同组织细胞中，核仁的大小和数目都有很大的变化，并且这种变化与细胞内蛋白质合成的旺盛程度密切相关。不具备蛋白质合成能力的细胞（如肌肉细胞、休眠的植物细胞等），其核仁很小；但是在蛋白质合成能力旺盛的卵母细胞和分泌细胞中，核仁很大。这表明核仁的存在与蛋白质合成有关。

一、核仁的化学组成

核仁的主要成分是染色质蛋白质，包括组蛋白和非组蛋白，其次是核糖体蛋白质，这两种蛋白质占核仁干重的80%。此外，在核仁中还存在多种酶系，如碱性磷酸酶、ATP 酶等。同时，核仁中也含有 RNA，约占核仁干重的10%。RNA 转录活性较高及蛋白质合成较旺盛的细胞，其核仁内的 RNA 含量较高。DNA 只占核仁干重的8%，主要是核仁组织区 DNA。核仁中几乎不含脂类物质。

二、核仁的超微结构

在电镜下观察，核仁是裸露、无膜包围，由纤维丝构成的海绵状结构。有的细胞核仁结构比较紧密，有的细胞核仁结构则比较疏松。在电镜下可辨认出核仁具有三个特征性的区域：纤维中心、致密纤维组分和颗粒组分（图5-9）。

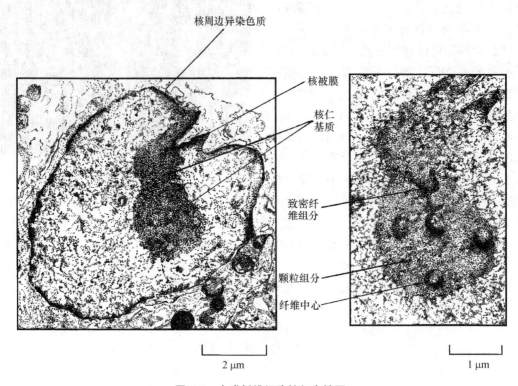

图 5-9　人成纤维细胞核仁电镜图

（一）纤维中心

纤维中心（fibrillar center，FC）是包埋在颗粒组分内部的一个或数个浅染的低电子密度区域，是核糖体 DNA（rDNA）所在的部位。rDNA 实际上是从染色体上伸展出的 DNA 袢环，rRNA 基因在袢环上串联排列，进行高速转录并合成 rRNA，可组织形成核仁。因此，每一个 rRNA 基因的袢环称为一个核仁组织者。人类共有 10 条染色体分布着 rRNA 基因，它们位于 13 号、14 号、15 号、21 号和 22 号染色体的短臂末端与随体之间的染色质细丝上，共同构成的区域称为核仁组织区（NOR）。

（二）致密纤维组分

致密纤维组分（dense fibrillar component，DFC）是核仁内电子密度最高的区域，由紧密排列的原纤维细丝组成直径为 5 ~ 10 nm 的纤维，位于浅染区周围，含有正在转录的 rRNA 分子和核糖体蛋白。致密纤维组分呈环形或半月形包围纤维中心，是 rRNA 转录的区域。首先，rDNA 转录产生前体 rRNA；然后，前体 rRNA 与该区域的一些特异性 RNA 结合蛋白结合，对 rRNA 进行剪切、加工，形成成熟的 rRNA，包括 5.8S rRNA、18S rRNA

和 28S rRNA。

（三）颗粒组分

颗粒组分（granular component，GC）是核仁的主要结构，由直径为 15 ~ 20 nm 的核糖核蛋白颗粒组成，可被蛋白酶和 RNA 酶消化。这些颗粒是正在加工、成熟的核糖体亚基的前体颗粒。细胞间期核中核仁的大小不同主要是由颗粒组分的数量差异导致的。

（四）核仁基质

此外，核仁中还包含有一种无定形物质，称为核仁基质（nucleolar matrix），是一种蛋白质性液体物质，电子密度低。纤维中心、致密纤维组分和颗粒组分位于核仁基质中。

电镜观察发现，核仁除含有核仁染色质（载有 rDNA）外，还存在一种核仁结合染色质（nucleolar associated chromatin）包绕在核仁周围，呈高度螺旋，属于异染色质。

简言之，rRNA 基因位于纤维中心，转录发生在纤维中心与致密纤维中心交界处。rRNA 前体经转录后，主要在致密纤维中心进行剪切、加工，某些加工过程可能在颗粒组分进行。核糖体在 rRNA 加工过程中结合在前体 rRNA 上，在 rRNA 加工成熟后在颗粒组分处形成核糖体亚基前体。因此，核仁的结构与其功能密不可分。

三、核仁的功能

核仁的主要功能是合成 rRNA 和装配核糖体亚基。

（一）rRNA 的合成、加工与成熟

rRNA 是核糖核蛋白体的组成成分，在增殖细胞中需要大量核糖体，因此必须保证 rRNA 高度有效地转录合成。真核细胞含有 4 种 rRNA，即 5.8S rRNA、18S rRNA、28S rRNA 及 5S rRNA，其中前 3 种 rRNA 的基因组成一个转录单位。这些 rRNA 的基因是由专一性的 RNA 聚合酶 I 进行催化转录的。真核细胞核糖核蛋白体中 5S rRNA 的编码基因不存在于核仁区的 rDNA 区域，而是位于染色体的其他区域。5S rRNA 的转录不是由 RNA 聚合酶 I 催化的，而是由 RNA 聚合酶 III 催化的，合成后转运至核仁处参与核糖核蛋白体大亚基的组装。

人体细胞中 rRNA 的加工过程如图 5-10 所示。45S rRNA 前体经过复杂的加工过程产生 18S rRNA、5.8S rRNA 和 28S rRNA。45S rRNA 合成后即很快在约 10 个位点上甲基化。rRNA 甲基化之后被切割成中间产物 41S rRNA、32S rRNA 和 20S rRNA。20S rRNA 很快裂解为 18S rRNA，32S rRNA 被切割为 28S rRNA 和 5.8S rRNA。值得注意的是，通过加工过程后，成熟的 rRNA 仅为 45S rRNA 原始转录本的一半。丢失的部分大多数是在非甲基化区域和 GC 含量较多的区域。从不同种类细胞甲基化区域的高度保守性看，甲基化在 rRNA 前体加工的正常进展过程中具有一定的作用。

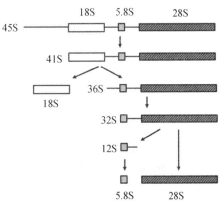

图 5-10　45S rRNA 原始转录本的
加工过程示意图

（二）核糖体亚基的组装

在细胞内，前体 rRNA 的加工、成熟过程是以核蛋白的方式进行的。当 45S rRNA 从 rDNA 转录后，即很快与进入核仁的蛋白质结合，形成 80S 的核糖核蛋白颗粒。伴随着 45S rRNA 分子的加工过程，这个 80S 的核糖核蛋白颗粒逐渐丢失一些 RNA 和蛋白质，分别构成核糖体大、小两个亚基的前体。核糖体大、小亚基的前体通过核孔复合体被运输到细胞质中。成熟的 mRNA 出核后可使核糖体大、小亚基成熟并形成完整的核糖体，进而进行蛋白质翻译。5S rRNA 基因不定位在核仁，通常定位在常染色体。5S rRNA 合成后被转运至核仁，可参与核糖核蛋白体大亚基的组装（图 5-11）。

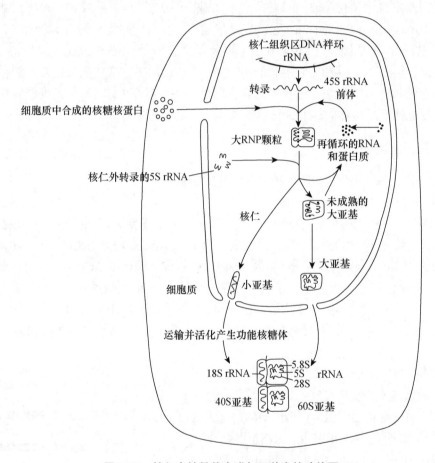

图 5-11　核仁在核糖体合成与组装中的功能图

（三）核仁周期

在细胞周期中，核仁可发生周期性的变化。当细胞进入有丝分裂期时，核仁先变形和变小。随着染色质的凝集，rRNA 合成停止，核膜破裂、崩解进入中期，核仁即消失。因此，在分裂中期细胞中观察不到核仁。在有丝分裂末期，核仁组织区 DNA 解凝集，rRNA 合成重新开始，核仁即随之重新出现在染色体核仁组织区附近。

第六节　细胞核基质

真核细胞的细胞核内除含有核膜、染色质和核仁以外，还有一个主要由蛋白质成分组成的网架结构体系，称为核基质（nuclear matrix），又称核骨架。这些网架结构与核纤层及核孔等有结构上的联系，而且在功能上与核仁、染色质的结构和功能密切相关。由于核基质的基本形态与细胞骨架相似，所以又将其称为核骨架（nuclear skeleton）。广义的核骨架除了核内的网架结构外，还包括核孔复合体、核纤层、核仁等的网架结构。狭义的核骨架仅指以纤维蛋白成分为主的纤维网架体系。

一、核基质的结构和化学组成

对核基质的形态观察采用去垢剂、核酸酶与高渗盐缓冲液，基本除去核膜、组蛋白、非组蛋白、DNA 和脂质成分，即得到一个纤维网架结构。然后，通过特殊制片，可在电镜下观察到这一结构分布在整个细胞核中。核骨架纤维粗细不一，直径为 3 ~ 30 nm。构成核骨架的化学成分为蛋白质和少量 RNA。其中，蛋白质的含量可高达 90%，RNA 含量虽少，但对维持核基质的三维纤维网架结构是必需的。核骨架的蛋白质组成非常复杂，不同类型以及不同生理状态下的细胞，其核骨架有明显差异。目前已测定的核基质蛋白有数十种。

二、核基质的生物学功能

近来研究表明，核基质可能调节真核细胞的 DNA 复制、基因表达及核内不均一 RNA（heterogeneous nuclear RNA，hnRNA）加工。此外，核基质还参与染色质的有序包装。

小　结

细胞核是细胞进行遗传与代谢等生命活动的调控中心。间期细胞核主要由核膜、核纤层、染色质、核仁和核基质组成。核膜可将遗传物质包裹起来，以保证细胞的遗传稳定性，使转录和翻译过程在时空上分开。核膜可分为内、外核膜和核周隙三部分。核孔复合体是细胞核与细胞质之间进行物质交换的双向通道。染色质由 DNA、组蛋白、非组蛋白与 RNA 组成，按形态和着色特征可分为常染色质与异染色质。染色质的基本结构是核小体。染色质经有序折叠、组装，可形成染色体。染色体的主要结构包括主缢痕、次缢痕、核仁组织区、随体和端粒，具备三种功能元件，即自主复制 DNA 序列、着丝粒 DNA 序列和端粒 DNA 序列。核仁由纤维中心、致密纤维组分、颗粒组分和核仁基质构成。

（林国南）

习题

一、单项选择题

1. RNA 经核孔复合体输出至细胞质的运输方式属于
   A. 被动运输　　　　B. 主动运输　　　　C. 异化扩散　　　　D. 共同运输
2. 相邻核小体间连接的 DNA 长度一般约为
   A. 20 bp　　　　　B. 40 bp　　　　　C. 60 bp　　　　　D. 200 bp
3. 核纤层的化学成分是
   A. 中间丝蛋白　　　B. DNA　　　　　C. 组蛋白　　　　　D. 核糖体和 RNA
4. 真核细胞内最大的细胞器是
   A. 细胞核　　　　　B. 高尔基复合体　　C. 内质网　　　　　D. 核糖体
5. 常染色质是指
   A. 经常存在的染色质　　　　　　　　B. 染色很深的染色质
   C. 不呈异固缩的染色质　　　　　　　D. 呈现异固缩的染色质

二、简答题

1. 试述核孔复合体的结构和功能。
2. 说明染色质的四级结构。
3. 简述细胞分裂中期染色体的形态特征。
4. 简述核仁的结构和功能。
5. 细胞核的主要功能是什么?

第六章 细胞骨架

人体具有 200 多种不同类型的细胞,其形态多种多样,如红细胞呈双凹圆盘状,神经细胞具有轴突及树突,呼吸道黏膜柱状上皮及小肠黏膜柱状上皮朝向腔面部分具有突起的微绒毛,精子具有鞭毛等。细胞的形态与其功能密切相关。那么,细胞是如何维持其特定形态的?电镜技术的改进,使研究者相继在电镜下观察到细胞质中存在蛋白纤维网架结构,称为细胞骨架(cytoskeleton),弥漫分布于细胞质中,包括微丝(microfilament, MF)、微管(microtubule, MT)和中间丝(intermediate filament, IF)三种成分。三种成分的结构、功能不同,分布也不同。例如,微丝主要分布在细胞膜的内侧;微管则主要分布在细胞核周围,呈放射状向胞质四周扩散;而中间丝则分布在整个细胞中(图 6-1)。目前已知,细胞骨架是真核细胞中非常重要的结构。如果细胞骨架遭到破坏,则会严重影响细胞的生命活动,甚至引起细胞死亡。细胞骨架在细胞中具有参与物质运输、细胞局部或位移运动、细胞器的动态锚定、细胞形态的维持、细胞信号转导中转站以及细胞分裂等重要作用。本章将介绍细胞骨架三种成分的结构特点和生物学功能。

人们最先在胞质中发现细胞骨架结构,但后来又在细胞核内发现了类似结构,细胞核内的纤维网架结构称为核骨架(即核基质),与 DNA 的复制、转录,RNA 加工及细胞核与染色体的形成密切相关。因此,广义上的细胞骨架还包括核骨架和细胞外基质(extracellular matrix),形成贯穿于细胞核、细胞质、细胞外的一体化网架结构。

第一节 微 管

微管(microtubule, MT)是位于真核细胞质中、由微管蛋白原丝组成的中空管状结构,在神经组织中含量最为丰富。微管参与维持细胞形态、建立细胞极性、细胞运动、胞内物质运输以及细胞有丝分裂和减数分裂等重要的生命活动。

一、微管的组成与形态

微管是由微管蛋白(tubulin)聚合装配而成的具有一定刚性的中空管状结构,其内、外径分别为 15 nm 和 25 nm,几乎存在于所有真核细胞中。在不同细胞中,微管的形态和结构基本相同,但长度不等,一般为数微米,而位于中枢神经系统运动神经元轴突内的微

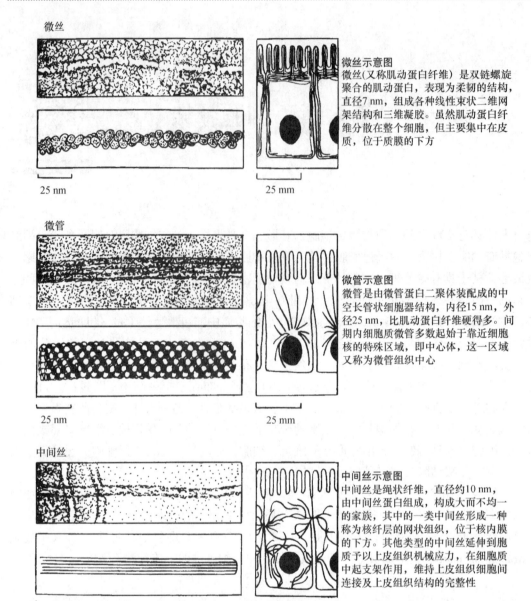

微丝

微丝示意图
微丝(又称肌动蛋白纤维)是双链螺旋聚合的肌动蛋白，表现为柔韧的结构，直径7 nm，组成各种线性束状二维网架结构和三维凝胶。虽然肌动蛋白纤维分散在整个细胞，但主要集中在皮质，位于质膜的下方

25 nm   25 mm

微管

微管示意图
微管是由微管蛋白二聚体装配成的中空长管状细胞器结构，内径15 nm，外径25 nm，比肌动蛋白纤维硬得多。间期内细胞质微管多数起始于靠近细胞核的特殊区域，即中心体，这一区域又称为微管组织中心

25 nm   25 mm

中间丝

中间丝示意图
中间丝是绳状纤维，直径约10 nm，由中间丝蛋白组成，构成大而不均一的家族，其中的一类中间丝形成一种称为核纤层的网状组织，位于核内膜的下方。其他类型的中间丝延伸到胞质予以上皮组织机械应力，在细胞质中起支架作用，维持上皮组织细胞间连接及上皮组织结构的完整性

25 nm   25 mm

图 6-1　细胞骨架的分布及结构特征

管，其长度可达数厘米。微管的结构可以发生动态改变（图 6-2），如间期细胞的微管在细胞核周围向外呈放射状分布，进入分裂期后又可迅速重构而变为双极性的纺锤体结构。同时，微管也可以是相对稳定的结构，如存在于中心体、基体、纤毛和鞭毛内的微管。其中，肺上皮细胞的纤毛在整个细胞生命周期都具有稳定的长度、直径及位置。

（一）微管蛋白

微管蛋白是组成微管的结构蛋白，分子质量约为 5.5 kDa，主要成分包括 α 微管蛋白和 β 微管蛋白。其中，α 微管蛋白含有 450 个氨基酸残基，β 微管蛋白含有 455 个氨基酸残基，这两种微管蛋白占微管总蛋白的 80% ~ 95%。α 微管蛋白与 β 微管蛋白具有相似的

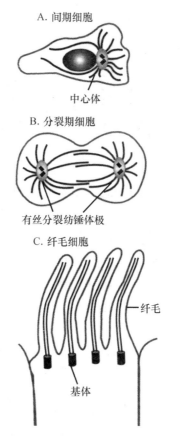

A. 间期细胞

中心体

B. 分裂期细胞

有丝分裂纺锤体极

C. 纤毛细胞

纤毛

基体

图 6-2　真核细胞中微管所处的三种位置

三维结构，通过非共价键结合成异二聚体，构成微管的基本组装单位。α、β 微管蛋白异二聚体是细胞内游离态微管的主要存在形式，多余的 α 微管蛋白和 β 微管蛋白单体很快被降解。α 微管蛋白和 β 微管蛋白的羧基端（C 端）都存在酸性氨基酸，使微管带有较强的电负性。

异二聚体中的 α 微管蛋白和 β 微管蛋白均含有一个 GTP 结合位点。与 α 微管蛋白结合的 GTP 位于异二聚体内部，不能被水解或替换，称为不可交换位点（nonexchangeable site），简称 N 位点。而结合于 β 微管蛋白内的 GTP 在组装成微管后能够被水解成 GDP；去组装后，GDP 又能被 GTP 替换，因此，这个 GTP 结合位点称为可交换位点（exchangeable site），简称 E 位点。E 位点对于微管的组装或去组装具有十分重要的作用。此外，微管蛋白异二聚体上还存在二价阳离子（Mg^{2+}、Ca^{2+}）、药物（如秋水仙碱和紫杉醇）等物质的结合位点（图 6-3）。

（二）微管的形态

微管的基本组成单位是 α、β 微管蛋白异二聚体。α 微管蛋白和 β 微管蛋白两条链交替排列，可以组成一条链，形成原丝（protofilament）。当 13 根原丝汇聚合到一起时，原丝即组成一个中空管状结构——微管（图 6-4A）。微管的延长（组装）或缩短（去组装）只能发生在轴向的末端，以 α-β 异二聚体的形式，前一个 β 亚基与下一个 α 亚基结合接续或相互

143

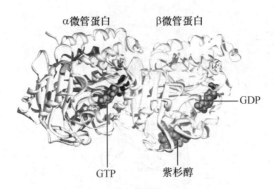

图 6-3　微管蛋白结构示意图

解离。因此，微管具有极性，即一端始终为 α 微管蛋白开头，另一端为 β 微管蛋白结尾。α 微管蛋白端为负极，而 β 微管蛋白端为正极（图 6-4A）。异二聚体在正、负两极的添加速度不同，正极添加的速度快，而负极则相对较慢，这是由于 α 微管蛋白与 β 微管蛋白的结构不同，因此异二聚体添加到微管两端的速度也不同。微管的极性与微管的动态性及功能密切相关。

　　微管在细胞中有 3 种不同的存在形式：单管、二联管和三联管（图 6-4B）。大部分微管以单管的形式存在，由 13 根原丝围成，它们可单独存在或成束分布。这种结构不稳定，在低温、钙离子和药物（如秋水仙碱）的作用下容易发生解聚。二联管包含 A、B 两根单管，A 管由 13 根原丝组成，B 管由 10 根原丝组成，A 管与 B 管共用 3 根原丝。二联管主要分布在鞭毛和纤毛的杆状部分。三联管由 A、B、C 三根单管组成。其中，A 管有 13 根原丝，B 管和 C 管各有 10 根原丝，B 管分别与 A 管和 C 管共用 3 根原丝，所以三联管共有 33 根原丝。三联管主要分布在中心粒、鞭毛和纤毛的基体中。二联管和三联管的性质相对稳定，对低温、钙离子和秋水仙碱的作用不敏感。

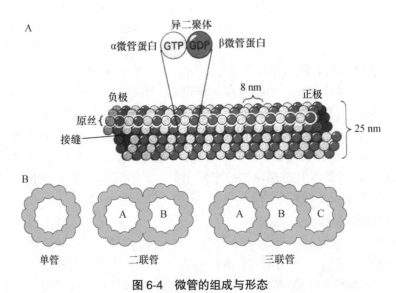

图 6-4　微管的组成与形态

A. 微管的形态；B. 微管在细胞内存在的形式

二、微管的装配

细胞质内的微管是一种动态变化的结构，可通过快速组装和去组装达到平衡，这对于微管行使功能具有重要意义。

微管的组装具有以下特点：①与 GTP 结合的微管蛋白异二聚体（GTP-β 微管蛋白）与微管末端的亲和力较强，容易添加，可形成直的原丝；异二聚体的添加可触发与之相邻的 GTP 水解成 GDP，而 GDP- 微管蛋白异二聚体（GDP-β 微管蛋白）形成弯曲的原丝，此结构极不稳定，易解聚。②当游离的 GTP- 微管蛋白异二聚体的浓度高于临界浓度时，异二聚体可以装配成微管。临界浓度是指位于微管末端的 GTP- 微管蛋白异二聚体的添加速度与 GDP- 微管蛋白异二聚体的解离速度平衡时，细胞内或试管内未参与组装的异二聚体微管蛋白的浓度。③微管的组装主要发生在正极。④低温、Ca^{2+} 浓度升高和药物（如秋水仙碱、紫杉醇等）处理等均可破坏微管组装与去组装之间的平衡。

（一）微管的装配过程

1972 年，研究者首次将小鼠脑组织匀浆液置于在试管中，加入含有 Mg^{2+}（无 Ca^{2+}）、二乙胺四乙酸（ethylenediaminetetra-acetic acid，EDTA）和 GTP 的缓冲液，在合适的 pH 值和温度条件下，成功地组装出了微管。

微管自组装是一个复杂而有序的过程，可以分为三个时期：成核期、聚合期和稳定期。①成核期：先由 α-β 微管蛋白异二聚体聚合成一个短的寡聚体核心，然后微管蛋白异二聚体在其两端和侧面添加，使之扩展呈片状带。当片状带加宽至 13 根原丝时，即合拢组成一段微管。此期是微管聚合的起始阶段，速度缓慢，是微管聚合的限速过程，故又称为延迟期。②聚合期：微管聚合的速度较解聚速度快，新的异二聚体不断添加到微管正端，使微管延长，故又称为延长期。③稳定期：细胞质中的游离微管蛋白浓度逐渐降低，当达到临界浓度时，微管的组装与去组装速度相等，微管长度相对恒定。随后，游离的异二聚体浓度快速降低至临界浓度后，微管发生快速去组装，其长度随之快速缩短。

在体外缓冲溶液中，只要微管蛋白异二聚体达到一定的临界浓度，有 Mg^{2+} 离子存在，无 Ca^{2+}，在适当的 pH 值（6.9）和温度（37℃）条件下，同时有 GTP 提供能量，异二聚体即可组装成微管。当温度低于 4℃或加入过量的 Ca^{2+} 后，已经形成的微管又可去组装。微管一端为 α 微管蛋白，可与 GTP 结合，使微管蛋白发生解聚；另一端为 β 微管蛋白，可结合 GTP 和微管蛋白，使微管不断延长，称为微管正极或微管聚合端。微丝或微管在一定条件下，其正极有亚基不断添加的同时，负端有亚基不断地脱落，使其中一段纤维在一端延长而另一端缩短的交替现象称为踏车现象。

（二）微管装配的动态不稳定性

在微管体外组装的研究中发现，有两种因素决定了微管的组装或去组装：即游离的 GTP- 微管蛋白异二聚体的浓度和组装后微管中 GTP 水解成 GDP 的速度。当游离的 GTP- 微管蛋白异二聚体的浓度很高时，异二聚体可快速添加至微管末端，微管组装速度较 GTP 的水解速度快，使微管末端形成 "GTP- 帽"。该结构可保护微管末端，抑制微管蛋白解聚，使微管生长。随着游离的 GTP- 微管蛋白异二聚体浓度降低，其添加至微管末端的速度减慢。同时，由于 GTP 快速水解，"GTP- 帽" 消失，暴露出 GDP- 微管蛋白，后者与微管的结合力较弱，致使其从微管末端迅速脱落下来，造成微管缩短。当 GTP- 微管蛋白异二聚体的浓度再次升高时，微管又开始延长。可见，在微管组装过程中，微管不停地在延长和缩短两种状态下转变，这称为动态不稳定性，是微管组装动力学的一个重要特点。光学显微镜下记录体外组装的单个微管在不同时间的长度，可以观察到微管的动态不稳定性。

细胞内微管的动态不稳定性为细胞内微管能迅速重新组装提供了一个合理的解释，具有重要的生物学意义。在间期细胞中，可以观察到有的微管在延长，而另外一些微管在缩短，使微管与微管蛋白异二聚体库之间处于动态平衡状态；进入有丝分裂期，微管蛋白可快速组装成有丝分裂纺锤体，不稳定的微管末端有助于寻找并捕获染色体上的结合靶点，对于染色体向两极分配具有重要作用；在有丝分裂末期，有丝分裂纺锤体中的微管蛋白迅速解聚，有利于细胞分裂为两个子细胞，从而进入新的细胞周期。

（三）微管组织中心

微管体外组装的限速步骤是成核期，但活细胞内的成核过程非常迅速，并且成核位置固定在细胞内的某一特定区域。向培养细胞中加入荧光染料标记的微管蛋白抗体后，在荧光显微镜下可以观察到细胞内微管组装多数起始于细胞核附近，这个区域称为微管组织中心（microtubule organizing center，MTOC）（图 6-5）。微管组织中心是指微管在生理状态下或经药物处理使其解聚后重新组装的启动位置，即细胞中微管生成的发源区，多见于细胞核附近的中心体（centrosome），以及纤毛和鞭毛的基体（basal body）等处。微管组织中心除主要负责启动微管的组装外，还能决定微管的数量、位置及极性。其近端为微管负极，远端为微管正极。

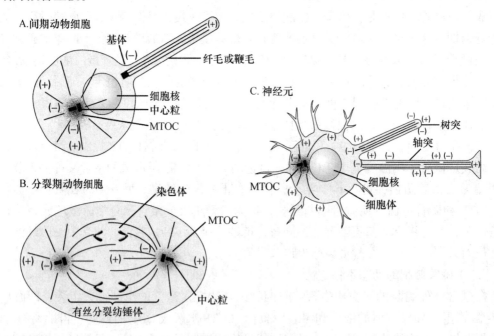

图 6-5　微管组织中心

中心体是动物细胞内主要的微管组织中心，位于间期细胞的细胞核附近，由一对相互垂直的中心粒（centriole）和中心粒周围基质组成。在细胞周期的 S 期，中心粒进行复制，形成两个中心粒；进入有丝分裂期后，中心粒移动至细胞两极，组织形成有丝分裂纺锤体。基体位于纤毛和鞭毛基底部，其结构与中心粒相似，均由 9 组三联管构成。在一定条件下，基体和中心粒可以相互转变。例如，精子鞭毛基体来源于精母细胞减数分裂纺锤体中的一个中心粒，受精后，此基体又在受精卵第一次分裂过程中转变为中心粒。

研究发现，包括中心粒周围基质在内的所有微管组织中心均存在第三种微管蛋白，即 γ 微管蛋白。与 α 微管蛋白和 β 微管蛋白不同，γ 微管蛋白仅占微管蛋白总含量的 1%。γ 微管蛋白的含量虽少，但其功能十分重要。将荧光标记的 γ 微管蛋白抗体显微注射至经过低温处理后的活细胞内，用以封闭 γ 微管蛋白，结果发现，γ 微管蛋白封闭后的细胞微管无法重新组装。同时，γ 微管蛋白合成异常的细胞微管组装也受到严重影响，这表明 γ 微管蛋白在微管的成核期中发挥着重要的调节作用。研究表明，γ 微管蛋白在中心粒周围基质中可与其他蛋白质形成许多直径为 24 nm 的 γ 微管蛋白环状复合物（γ-tubulin ring complex，γ-TuRC）。γ-TuRC 像一个基座，微管蛋白异二聚体按照一定的方向结合于此，然后微管开始生长、延长。γ 微管蛋白只能与 α 微管蛋白结合，因此产生的微管负极均被 γ-TuRC 封闭，这意味着细胞内多数微管只能在微管正极发生组装与去组装。

（四）影响微管组装的特异性药物

某些药物（如秋水仙碱、紫杉醇等）可以特异地与微管蛋白结合，阻止微管的组装和去组装，从而影响细胞的正常活动。秋水仙碱可与微管蛋白异二聚体中的 β 微管蛋白结合，抑制 β 微管蛋白上的 GTP 水解，从而阻止微管的组装。秋水仙碱处理细胞后能抑制有丝分裂纺锤体的形成，使细胞停留在有丝分裂中期，从而导致细胞死亡。紫杉醇是从红豆杉科植物中提取得到的一种四环二萜化合物。实验证明，紫杉醇可以通过与 β 微管蛋白结合，促进微管装配，并使微管保持稳定，抑制微管蛋白解聚，结果是使微管不断组装而不发生解聚，同样使细胞停滞在分裂期。对于微管的组装，虽然紫杉醇与秋水仙碱的作用看似相反，但其最终结果都是使微管的动态性遭到破坏，使细胞在有丝分裂时不能形成纺锤体，抑制细胞分裂和增殖，从而发挥抗肿瘤作用。目前在临床上可将紫杉醇作为化疗药物应用于卵巢癌等肿瘤的治疗。

三、微管相关蛋白

如上所述，利用微管在低温下解聚、在适当温度（37℃）条件下重新聚合的特性，并结合不同的离心方法，可以纯化微管蛋白。但研究发现，即使经过多次组装和去组装的循环，仍然有一些蛋白质不能分离，并始终伴随微管而存在，这些蛋白质即为微管相关蛋白（microtubule-associated protein，MAP）。细胞内既含有稳定微管结构的微管相关蛋白，也存在促进微管解聚、修饰微管生长的微管相关蛋白。一般情况下，起稳定作用的微管相关蛋白可以促进微管的组装，提供微管的稳定性，并调节微管与其他细胞成分之间的关系，是维持微管结构和功能必需的成分，常具有组织特异性。目前研究得较为清楚的是 tau 蛋白家族，包括 MAP2、MAP4 和 tau 蛋白。MAP2 和 tau 蛋白主要存在于神经元内，而 MAP4 存在于除神经元以外的各种细胞内。这些微管相关蛋白常包含两个功能区域，一个是带正电荷的可与微管表面负电荷结合的微管结合域，另一个是与微管呈直角的突出结合域，可以通过横桥的方式与其他细胞组分（其他微管纤维或骨架成分、细胞膜等）连接

（图 6-6）。MAP2 存在于神经元的胞体和树突内，能在微管间及微管与中间丝之间形成横桥，使微管成束，从而稳定微管结构。tau 蛋白的分子量为 55 ~ 62 kDa，见于神经元轴突内，能促进微管蛋白聚合成微管，并使新聚合的微管成束，同时防止其解聚，从而维持微管的稳定性。微管相关蛋白可被磷酸化修饰，磷酸化后不能与微管结合，从而促进微管解聚。例如，tau 蛋白可被微管亲和调节激酶磷酸化，而 MAP4 可被细胞周期蛋白依赖性激酶（cyclin-dependent kinase, CDK）磷酸化。不同的微管相关蛋白在细胞内的分布区域不同，所执行的功能也不一样。神经细胞微管相关蛋白的分布差异与神经细胞树突和轴突区域化以及神经细胞感受和传递信息有关。

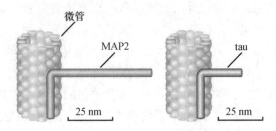

图 6-6 tau 家族蛋白结构示意图

四、微管的功能

（一）通过支架作用维持细胞的形态

维持细胞形态是微管的基本功能。微管自身的结构特点决定了其具有一定的强度，不容易弯曲，能够抵抗压力，这种特性给细胞提供了机械支持。在体外培养的神经细胞中，微管不仅围绕细胞核向外呈放射状分布，轴突中还存在大量平行排列的微管，这对于轴突的形成和维持具有关键作用。如果用秋水仙碱、低温等方法处理细胞，则可见微管解聚、细胞变圆，以及原有的细胞形态消失。

（二）参与细胞内物质的运输

真核细胞内部是高度区域化的体系，细胞内物质的合成部位与功能部位往往不同，因此，细胞内新合成的物质或细胞器必须运输至功能部位才能发挥作用。微管可以为细胞内物质运输提供轨道，其极性对运输方向具有重要的指导作用。细胞的分泌颗粒、色素颗粒等物质及线粒体等细胞器的定向运输都是沿着微管轨道进行的。细胞内物质运输除需要微管作为轨道外，还需要动力的驱动。研究发现，有一类蛋白质可以沿着微管轨道运动，并能与所转运的物质结合，称为马达蛋白质（motor protein）。马达蛋白质能利用 ATP 水解产生的能量驱动自身携带运载物沿着微管或微丝运动。目前已发现数十种马达蛋白质，可分为三个不同的家族，包括驱动蛋白（kinesin）、动力蛋白（dynein）和肌球蛋白（myosin）家族。其中，驱动蛋白和动力蛋白是以微管作为运行轨道，而肌球蛋白则是以肌动蛋白纤维作为运行轨道。胞质动力蛋白和驱动蛋白各有两个球状 ATP 结合头部和一个尾部，其头部与微管是以空间结构转移的方式结合的，因此只有当驱动蛋白和动力蛋白以正确的姿势"指向"微管时才能与之结合；而马达蛋白质（驱动蛋白和动力蛋白）的尾部通常是与细胞组分（如小泡或细胞器）稳定结合的，因此也就决定了马达蛋白质所运载的"货物"种类。

马达蛋白质的运输通常是单方向的。其中，驱动蛋白可利用水解 ATP 提供的能量沿微管的负极（−）向正极（+）运输（背离中心体），动力蛋白则可利用水解 ATP 提供的能量介导从微管正极（+）向负极的运输（朝向中心体）。例如，神经元轴突内的微管正极（+）朝向轴突末端，负极（−）朝向胞体，驱动蛋白负责将胞体内合成的物质快速转运至轴突末梢，而动力蛋白负责将轴突顶端摄入的物质和蛋白降解产物运回胞体。在非神经元细胞内，胞质动力蛋白可能与胞内体、溶酶体、高尔基体及其他膜状小泡的运输有关。马达蛋白质运输微管时，微管的极性决定了其自身移动的方向。纤毛中的动力蛋白则构成了轴丝的侧壁，使相邻的微管二联体之间产生相对滑动。

（三）维持细胞器的定位和分布

微管及其相关的马达蛋白质对维持真核细胞内膜性细胞器的定位及分布具有重要作用。例如，细胞内线粒体的分布与微管相伴，微管使粗面内质网在细胞质内展开分布，使高尔基体位于细胞中央、细胞核外侧。经秋水仙碱处理后，细胞内微管解聚，内质网出现坍塌而积聚到细胞核附近；而高尔基体则分解成小的囊泡，分散存在于细胞质内。去除秋水仙碱后，微管又能重新组装，细胞器的分布又恢复正常。

（四）组成纤毛和鞭毛运动的元件

纤毛和鞭毛是细胞表面的特化结构。纤毛和鞭毛在来源和结构上基本相同，一般将少而长者称为鞭毛（flagella），短而多者称为纤毛（cilium）。纤毛和鞭毛外被细胞膜，内部由轴丝组成。所谓轴丝，就是由微管、动力蛋白和相关蛋白质组成的结构。轴丝由规律排列的微管构成，即 9 组二联管在周围呈等距离排列成一圈，中央有 2 根单微管，成为"9+2"的微管排列形式（图 6-7）。两个中央微管之间由细丝相连，外由中央鞘包围。相邻的二联管通过微管连接蛋白（nexin）连接，二联管内近中央侧的 A 管伸出放射状的辐条与中央鞘相连，放射状辐条近中央鞘一端膨大，称为辐头。二联管的 A 管还可向相邻二联管的 B 管伸出动力蛋白臂（dynein arm），为纤毛与鞭毛的运动提供动力。纤毛和鞭毛的基体作为微管组织中心调控轴丝微管的生长，使轴丝微管的负极位于基体侧。

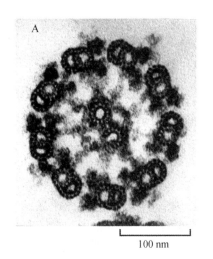
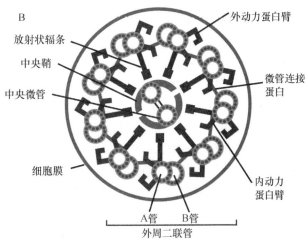

图 6-7 纤毛和鞭毛结构示意图

纤毛和鞭毛的运动是通过 A 管伸出的动力蛋白臂引起轴丝微管之间相互滑动，造成其轴心弯曲而产生的，即微管滑动机制。其主要内容是：①接触，轴丝内 A 管伸出的动力蛋白臂头部与相邻二联管的 B 管接触，可促进与动力蛋白臂结合的 ATP 水解，并释放 ADP 和 Pi；②做功，动力蛋白臂头部构象随之发生改变，使头部及相邻二联管向微管正极滑动；③分离，头部可结合新的 ATP，动力蛋白臂与相邻二联管的 B 管脱离；④复原，ATP 水解，动力蛋白臂头部的角度复原；带有 ADP 和 Pi 的动力蛋白头部与相邻二联管 B 管上的另一位点结合，即开始下一个循环。在鞭毛和纤毛内部，二联管之间、二联管与中央鞘之间的连接蛋白将微管连接成一个整体。相邻二联管的滑动被该结构所束缚，进而产生弯曲运动。纤毛和鞭毛内的动力蛋白并非一起被活化，而是从基体侧部向顶端依次被活化或失活，导致弯曲运动有规律地沿着轴丝向顶端传播，进而使鞭毛和纤毛摆动和挥动。内侧的动力蛋白臂与鞭毛的弯曲相关，决定了鞭毛弯曲波形的大小和形态，外侧的动力蛋白臂可以增加挥动的力度和频率。

（五）参与纺锤体的形成与染色体的运动

细胞从间期进入分裂期时，细胞质微管全面解聚、重新装配而形成纺锤体，以介导染色体的运动；分裂末期，纺锤体又解聚、重新装配而形成细胞质微管。

第二节 微 丝

微丝（microfilament，MF）是由肌动蛋白聚合而成的直径为 5 ~ 8 nm 的骨架纤维，又称肌动蛋白纤维（actin filament），普遍存在于真核细胞内。微丝可呈束状、网状或纤维状散布在细胞内，参与构成微绒毛、片状伪足、胞质分裂环及细肌丝等结构，在维持细胞形态、细胞运动、胞质分裂、细胞连接和肌肉收缩等过程中起着重要的作用。

一、微丝的组成和形态

微丝是由肌动蛋白组成的纤维状结构。与微管相比，微丝较细、较短，但更具有韧性。

（一）肌动蛋白

肌动蛋白单体是组成微丝的基本单位，相对分子量约为 42 kDa，为球形分子，外观呈哑铃形，中央有一个深的裂口，可结合 ATP（或 ADP）和 Mg^{2+}（或 Ca^{2+}）（图 6-8A），是肌动蛋白 ATP 酶的活性部位，对微丝的组装具有重要的意义。肌动蛋白单体结构不对称，具有极性。细胞内肌动蛋白以游离的球状分子形式存在时，称为球状肌动蛋白（globular actin），简称 G 肌动蛋白（G 肌动蛋白）；当其在细胞内聚合成纤维细丝形式时，称为纤维状肌动蛋白（filamentous actin），简称 F 肌动蛋白（F 肌动蛋白）（图 6-8B）。由于 G 肌动蛋白聚合后才能形成纤维样长链，因此微丝主要是指 F 肌动蛋白。

肌动蛋白存在于所有真核细胞中，是真核细胞中含量最丰富的蛋白质。在肌细胞中，肌动蛋白含量占细胞总蛋白的 10%。即使在非肌细胞中，肌动蛋白的含量也占细胞总蛋白的 1% ~ 5%。人类细胞内至少存在 6 种肌动蛋白亚型，4 种为 α- 肌动蛋白，分别为骨

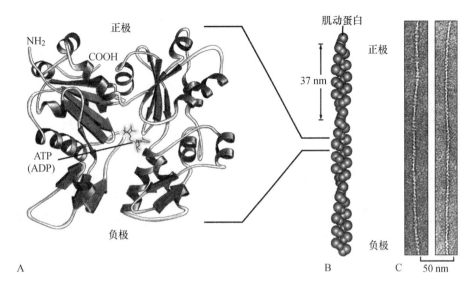

图 6-8　微丝组成结构示意图

骼肌、心肌、血管平滑肌和内脏平滑肌所特有，可参与组成细胞的收缩性结构。另外两种为 β- 肌动蛋白和 γ- 肌动蛋白。其中，β- 肌动蛋白在细胞质内含量最为丰富，并能在迁移细胞前缘组装成微丝；而 γ- 肌动蛋白参与形成应力纤维。传统概念认为，肌细胞中的肌动蛋白主要为 α 型，而 β- 肌动蛋白和 γ- 型肌动蛋白主要存在于非肌细胞内。现在认为，肌细胞内也有 γ- 型肌动蛋白。肌动蛋白间的差异主要存在于蛋白质的氨基末端，此区域对微丝组装的速度影响很小，却是特异性微丝结合蛋白结合的必需部位，从而使不同肌动蛋白的功能出现差异。

（二）微丝的形态结构

肌动蛋白单体头尾相接聚合成肌动蛋白链。两条平行的肌动蛋白链以右手螺旋方式相互缠绕形成直径为 5 ~ 8 nm 的微丝，又称肌动蛋白丝，螺距为 37 nm。肌动蛋白单体结构上的裂缝使得其自身具有极性。同时，肌动蛋白在组装成微丝的过程中又始终按照相同的方向聚合，所以使聚合成的微丝也具有极性。生长慢（具有裂缝）的一侧端为负极，生长快（没有裂缝）的一端为正极（图 6-8）。与微管不同，微丝较细，一般在细胞内不单独存在，常呈束状、网状分布或散布在细胞内。有的细胞微丝可形成稳定的永久性结构，如肌肉中的细肌丝及小肠上皮细胞的微绒毛等；有的细胞微丝也可以组成不稳定的暂时性结构，如动物细胞分裂时的胞质分裂环，细胞迁移时伪足中的临时微丝束等。

二、微丝的组装

在多数非肌细胞中，微丝也是一种动态结构，与上述微管类似，能不断地进行组装与去组装，进而维持细胞形态，并参与细胞运动。微丝的组装具有以下特点：①游离的 ATP- 肌动蛋白单体（结合 ATP 的 G 肌动蛋白）与肌动蛋白链末端的亲和力高，二者结合后可促进 ATP 水解成 ADP；ADP- 肌动蛋白间的亲和力弱，可使聚合体的稳定性降低，容易导致肌动蛋白链末端发生解离。因此，肌动蛋白链本身就是一个不稳定、易解聚的结构。②微丝两极的生长速度不同，正极明显快于负极，且正极的临界浓度低于负极，分别为 0.12 μmol/L 和 0.6 μmol/L。③特异性药物（如松胞菌素、鬼笔环肽等）可阻止微丝的组装或去组装，并破坏两者之间的平衡。

（一）微丝的装配过程

体外实验显示，在含有一定浓度的 G 肌动蛋白溶液中加入合适浓度的 Mg^{2+}、K^+ 和 Na^+ 等离子后，在 ATP 存在的条件下，G 肌动蛋白可以自发聚合成 F 肌动蛋白。降低溶液中的离子浓度或加入 Ca^{2+} 后，F 肌动蛋白又能解聚成 G 肌动蛋白。微丝的体外组装过程可以分为成核期、延长期和平衡期三个时相（图 6-9）。成核期是微丝组装的限速过程，此期 G 肌动蛋白开始聚合，由两个 G 肌动蛋白组成的二聚体结构通常不太稳定，只有形成三聚体才相对稳定，三聚体的 G 肌动蛋白称为核心。这个过程需要依赖 G 肌动蛋白的随机运动，进展十分缓慢。随后，G 肌动蛋白快速在"核心"两端开始聚合，肌动蛋白链快速延长，即进入延长期。随着 G 肌动蛋白浓度的不断降低，组装过程到达一个稳定状态，即微丝正极的组装速度与负极的解聚速度相同，微丝的长度不变，即进入稳定期或平衡期。

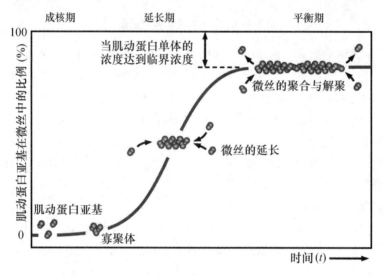

图 6-9　微丝的组装过程

（二）微丝组装的动态调节

微丝的组装主要呈现踏车现象（tread milling）。在微丝组装时，两极均可以添加 G 肌动蛋白，正极的添加速度比负极约快 10 倍，但两极的解聚速度基本相近。当 ATP-G 肌动蛋白浓度高于负极的临界浓度时，微丝两极均快速添加 G 肌动蛋白；随着微丝的延长，G 肌动蛋白浓度逐渐降低，降至负极临界浓度时，G 肌动蛋白在负极的添加速度与解离速度相等，而 G 肌动蛋白在正极的添加速度快于解离速度，所以微丝在正极端延长生长；随着体系中 G 肌动蛋白的减少，当 G 肌动蛋白浓度低于负极的临界浓度时，G 肌动蛋白在负极的解离速度快于添加速度，所以微丝在负极端缩短；由于还未到达正极的临界浓度，正极的添加速度仍明显快于解离速度，所以微丝在正极端仍可延长；当 G 肌动蛋白在正极的添加速度与负极的解离速度相等时，微丝长度相对不变，但保持向前运动的现象称为踏车现象。此时，体系中的 G 肌动蛋白浓度介于正极与负极临界浓度之间，约为 0.3 μmol/L。

微丝出现踏车现象的原因是 ATP 的水解。当 ATP-G 肌动蛋白结合在微丝末端后，

ATP 水解成 ADP 和 Pi，Pi 缓慢地从微丝释放，ADP-G 肌动蛋白的构象随之发生改变，使微丝趋向于解聚。因此，微丝延长时添加的是 ATP-G 肌动蛋白，而解聚下来的是 ADP-G 肌动蛋白。当环境中的 ATP 足够时，细胞内微丝可以利用踏车现象进行工作。

（三）影响微丝聚合与解聚的药物

细胞松弛素（cytochalasin）是由真菌分泌的生物碱，能与微丝正极结合，阻止 G 肌动蛋白加入，进而抑制微丝的组装，使微丝解聚。其中，细胞松弛素 B 是第一个用于研究细胞骨架的药物。细胞松弛素 B 可破坏细胞内的微丝网络，使其形成空洞，并抑制各种依赖于微丝的细胞活动，如吞噬作用、细胞移动、胞质分裂等。红海海绵素（latrunculin）可与 G 肌动蛋白结合，使其不能与 F 肌动蛋白结合，从而抑制微丝的组装。鬼笔环肽（phalloidin）是从一种毒蕈中提取出的环肽，可与 F 肌动蛋白结合，抑制微丝解聚，进而稳定微丝。鬼笔环肽的分子量较小，应用荧光标记的鬼笔环肽处理细胞后，可在荧光显微镜下特异性地显示微丝的分布情况。因此，荧光标记的鬼笔环肽可用于鉴定微丝。

三、肌动蛋白结合蛋白

无论是肌细胞还是非肌细胞，其胞质中 G 肌动蛋白的浓度均超过 100 μmol/L，远高于微丝组装时正极和负极的临界浓度。理论上，若这些 G 肌动蛋白快速组装成微丝，则可导致胞质内 G 肌动蛋白单体浓度短时间内迅速降低。但实际上，细胞内仍保留着高浓度的 G 肌动蛋白单体库。目前认为，其原因可能是细胞内存在多种多样的肌动蛋白结合蛋白（actin-binding protein，ABP）。ABP 可以与 G 肌动蛋白或 F 肌动蛋白结合，调控肌动蛋白的组织结构和功能。虽然纯化的肌动蛋白在体外合适的条件下可聚合成微丝，但在细胞内，ABP 却可阻碍微丝的快速聚合。

目前，从肌细胞和非肌细胞中已分离出 100 多种 ABP，可将其分为以下几种不同的类型：①成核蛋白（nucleating protein），又称核化蛋白，可促进肌动蛋白成核。②单体隔离蛋白（monomer sequestering protein），如胸腺素（thymosin），能与 G 肌动蛋白结合，并阻止其添加至微丝末端，使细胞内 G 肌动蛋白的浓度远高于微丝组装所需的临界浓度。当细胞需要时，又可快速释放 G 肌动蛋白而使其组装成肌动蛋白链。③加帽蛋白（capping protein），又称封端蛋白（end-blocking protein），可结合在微丝的正极端或负极端而形成"帽子"结构，阻止 G 肌动蛋白的添加，以控制微丝的长度，如 Z 帽蛋白（CapZ protein）可封闭骨骼肌细肌丝的正极端。④单体聚合蛋白（monomer polymerizing protein），可促进所结合的单体组装到肌动蛋白链上，如前纤维蛋白可与胸腺素竞争结合 ATP-G 肌动蛋白，进而促进所结合的单体与微丝正极的结合。⑤肌动蛋白解聚蛋白（actin-depolymerizing protein），可促进微丝解聚，如丝切蛋白。⑥交联蛋白（cross-linking protein），具备 2 个或多个肌动蛋白结合位点，可将 2 条甚至多条微丝交联在一起形成束状或网状结构，包括成束蛋白和凝溶胶蛋白两类。成束蛋白，包括丝束蛋白（fimbrin）、绒毛蛋白（villin）和 α-辅肌动蛋白（α-actinin）等，可将肌动蛋白纤维交联成平行束状的结构。凝溶胶蛋白，如细丝蛋白（filamin），可使微丝交联形成三维网状结构。⑦纤丝切割蛋白（filament severing protein），能结合在微丝中部，并将微丝切断，如凝溶胶蛋白。当胞质中的 Ca^{2+} 浓度增高时，凝溶胶蛋白可与 Ca^{2+} 结合并发生构象变化，随之结合在微丝侧面并插入到微丝内部的 G 肌动蛋白之间，使肌动蛋白纤维断裂。同时，凝溶胶蛋白能始终与微丝正极结合，进而促进负极端解聚。交联蛋白可使微丝交联成凝胶样结构，而凝溶胶蛋白可将"凝胶"内的微丝解聚，又能使细胞内的微丝变成溶胶样结构。⑧膜结合蛋白（membrane binding protein），负责将肌动蛋白固定到细胞膜上，或参与细胞黏附。如黏着斑蛋白（vinculin）可与黏着斑结合，将肌动蛋白纤维锚定到细胞膜上，参与构成黏着带（图 6-10）。

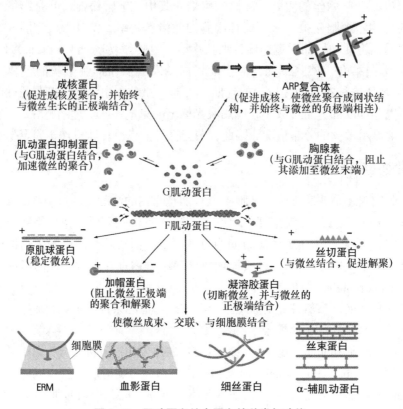

图 6-10　肌动蛋白结合蛋白的种类与功能

四、微丝的生物学功能

在肌动蛋白结合蛋白的协助下，微丝可形成独特的细胞骨架结构，与细胞许多重要的功能活动有关。

（一）维持细胞形态

作为细胞骨架的组成部分，微丝对细胞形态的维持具有重要的作用。在大多数细胞质膜下存在一层特殊的由微丝和肌动蛋白结合蛋白组成的网状结构，称为细胞皮质（cell cortex）。细胞皮质中的肌动蛋白纤维具有高度动态性，与质膜平行排列并与质膜相连，保证质膜具有一定的强度和韧性，对于维持细胞形态和促进细胞运动均具有重要意义。

1. 应力纤维（stress fiber）　是在细胞内紧邻质膜下方，由微丝和肌球蛋白Ⅱ组成的较为稳定可收缩的束状结构，广泛存在于真核细胞中，常与细胞的长轴平行并贯穿于细胞全长，可介导细胞间或细胞与基质表面的黏着。应力纤维具有收缩功能，但不能产生运动，因而只能维持细胞的形状，以及赋予细胞韧性和强度。

2. 微绒毛（microvillus）　是指细胞表面由细胞质和细胞膜伸出的指状突起，常存在于具有物质吸收功能的组织表面，如小肠和肾小管上皮顶端。一个小肠上皮细胞表面约有1000个微绒毛，可以极大地增加小肠上皮细胞的表面积，有利于营养物质的吸收。微绒毛的核心是由20～30个同向平行的肌动蛋白纤维组成的束状结构，且肌动蛋白的正极指向微绒毛的尖端。绒毛蛋白可将微丝连接成束，赋予微绒毛结构刚性。肌球蛋白I位于微绒毛的肌动蛋白束和细胞质膜之间，功能尚不明确。

3. 微丝的收缩活动可改变细胞形态　神经板发育为神经沟时，神经板远端的环状微丝束在肌球蛋白的协同下发生收缩，其远端变细，促使神经板卷曲成神经沟。这种收缩功能引起的细胞形态改变对神经管发育和腺体形成具有重要的作用。

（二）细胞运动

除极少数细胞通过鞭毛和纤毛运动外，绝大多数动物细胞是通过变形运动的方式进行位置移动的。例如，在胚胎发育过程中，胚胎细胞向特定靶部位的移动，巨噬细胞、白细胞向炎症部位的运动，成纤维细胞在结缔组织中的迁移，肿瘤细胞向周围组织的浸润或经血管或淋巴管的转移等。变形运动是一个高度协同的复杂过程，依赖于肌动蛋白和肌动蛋白结合蛋白的相互作用。这种运动需要通过伸展、附着和收缩三个过程的重复循环而实现。①细胞在前端或前沿伸出突起，即伪足（如片状伪足、丝状伪足等），这些伪足内部富含肌动蛋白纤维。这一步主要通过肌动蛋白结合蛋白介导的肌动蛋白聚合来完成。②当伪足接触到合适的表面时，即可与基质形成新的黏附点。此时，跨膜蛋白整联蛋白可与细胞外基质或另一细胞表面分子结合，而细胞膜内表面的整合蛋白与肌动蛋白纤维紧密结合，为细胞提供一个牢固的锚定点。③细胞后部的黏附点脱离基质后，细胞可通过内部的收缩产生拉力，利用刚形成的锚着点使胞体向前移动。这一步涉及肌动蛋白纤维的解聚（图6-11）。

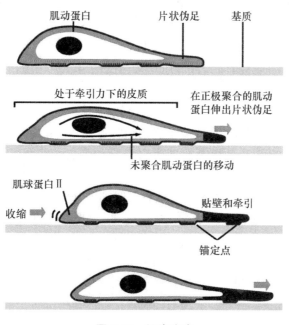

图 6-11　细胞移动

（三）参与细胞内物质运输

细胞内参与物质运输的马达蛋白质家族包括动力蛋白、驱动蛋白和肌球蛋白。肌球蛋白以微丝作为运输轨道参与物质运输活动。目前已发现细胞内有多种肌球蛋白分子，其共同特点是都含有一个作为马达结构域的头部。肌球蛋白的头部包含一个微丝结合位点和一个 ATP 结合位点。在物质运输过程中，肌球蛋白头部可与肌动蛋白结合，并在 ATP 存在时使其运动。肌球蛋白的尾部结构域负责结合被运输的特定物质（如蛋白质或脂类）。因肌球蛋白类型不同，其尾部结构域具有多样性。肌球蛋白的尾部结构域可与某些特殊类型的运输小泡结合，并沿微丝轨道的负极端向正极端移动。某些膜性细胞器在细胞内进行长距离转运时通常需要依赖于微管运输，而在细胞皮质及神经元凸起等富含微丝的部位，"货物"的运输则以微丝为轨道进行。另外，还有一些肌球蛋白可与质膜结合，牵引质膜和细胞皮质肌动蛋白进行相对运动，从而改变细胞的形态。

（四）参与细胞质分裂

在真核细胞有丝分裂末期，子细胞间形成收缩环（contractile ring）。随着收缩环的缩紧，两个子细胞分开。收缩环是由大量平行排列但方向不同的微丝和肌球蛋白 II 所形成的环状结构，其收缩机制是肌动蛋白和肌球蛋白的相互滑动及微丝的随之解聚。经细胞松弛素 B 处理后，细胞核分裂可正常进行，但不能形成收缩环，导致细胞质无法分裂，最终导致双核或多核细胞的形成。

（五）参与肌肉收缩

1. 骨骼肌的结构组成　骨骼肌细胞又称骨骼肌纤维，肌质内含有大量高度有序排列的纤维状结构，即肌原纤维（myofibril）。肌原纤维与骨骼肌长轴平行，由重复呈线性排列的收缩单位——肌节（sarcomere）组成。肌节由两种不同的纤维状结构，即细肌丝（thin filament）和粗肌丝（thick filament）有序装配而成。细肌丝的主要成分包括肌动蛋白、原肌球蛋白和肌钙蛋白。肌动蛋白分子单体呈球状，有极性，具有与肌球蛋白头部相结合的位点。原肌球蛋白（tropomyosin）是由两条平行的多肽链形成的 α- 螺旋结构，长约 40 nm，可同时结合 7 个肌动蛋白分子。原肌球蛋白位于两条肌动蛋白链的螺旋沟内，与肌动蛋白结合后可调节肌球蛋白头部和肌动蛋白的结合。肌钙蛋白（troponin，Tn）是一种调节蛋白，包含肌钙蛋白 C（Tn-C）、肌钙蛋白 T（Tn-T）和肌钙蛋白 I（Tn-I）三个亚基。Tn-C 是 Ca^{2+} 结合亚基，可与 Ca^{2+} 结合，控制原肌球蛋白在肌动蛋白表面的位置。Tn-T 对原肌球蛋白具有高度亲和力，是原肌球蛋白结合亚基。Tn-I 能与肌动蛋白和 Tn-T 结合，抑制肌球蛋白头部 ATP 酶活性以及肌球蛋白与肌动蛋白的结合。在细肌丝上大约每隔 40 nm 就结合有一个肌钙蛋白（图 6-12）。

粗肌丝由肌球蛋白（myosin）组成。从骨骼肌细胞分离出的肌球蛋白 II 是第一个被发现的肌球蛋白。每个肌球蛋白 II 分子有 2 条重链和 4 条轻链。肌球蛋白分子形似豆芽，分为头部、颈部和尾部（图 6-13），其头部具有 ATP 酶活性，并与肌动蛋白结合而引起细胞收缩。肌球蛋白属于可与肌动蛋白丝相互作用的马达蛋白质，主要功能是参与肌肉收缩。肌球蛋白 II 分子尾对尾地向相反方向平行排列成束，呈尾部居中、头部位于两侧的双极性结构。肌球蛋白分子的头部外露，成为与细肌丝接触的横桥。

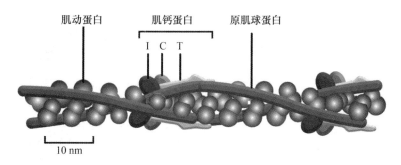

图 6-12　原肌球蛋白及肌钙蛋白的结构

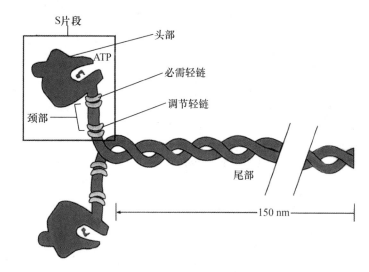

图 6-13　肌球蛋白 II 结构示意图

电镜下观察，肌节呈现规律的明暗相间的带状结构，这使得骨骼肌具有明暗相间的横纹结构。每个肌节从一侧的 Z 线（Z line）延伸至下一个 Z 线，包括两侧的 I 带（I band）、中间区的 A 带（A band）和 A 带中央区的 H 带（H band）。细肌丝自 Z 线向中央延伸，止于 H 带，而粗肌丝除中间断裂带（即 M 线）外，几乎贯穿肌节全长。因此，I 带仅由细肌丝组成，H 带仅由粗肌丝组成，而 A 带则由细肌丝和粗肌丝共同组成（图 6-14）。

2. 肌丝滑动模型（sliding filament model）　由于肌肉收缩时肌节 I 带缩短而 A 带保持不变，说明肌肉收缩是粗、细肌丝之间相对滑动的结果。粗、细肌丝之间的滑动主要涉及肌球蛋白 II 头部与邻近细肌丝结合并发生一系列的构象变化，其变化过程分为四个时相（图 6-15）。①结合期：此时肌球蛋白头部未结合 ATP，而是与细肌丝中的肌动蛋白紧密结合。在活跃收缩的肌肉中，这一过程非常短暂，并随着与 ATP 分子的快速结合而进入下一时期。②释放期：ATP 与肌球蛋白头部结合，引起肌球蛋白构象发生改变，使其与肌动蛋白的亲和力降低，二者分开。③直立期：肌球蛋白头部结合的 ATP 水解成 ADP 和 Pi（二者均未立即脱离肌球蛋白），使肌球蛋白头部沿细肌丝向正极移动。④产力期：肌球蛋白头部与肌动蛋白的新位点微弱地结合，并释放无机磷酸（Pi）；随之，肌球蛋白头部与肌动蛋白的结合加强并产生机械力，使 ADP 从肌球蛋白头部释放，肌球蛋白即恢复至初始构象，并与肌动蛋白紧密结合，从而进入下一个循环。此时与结合期不同的是，肌球蛋

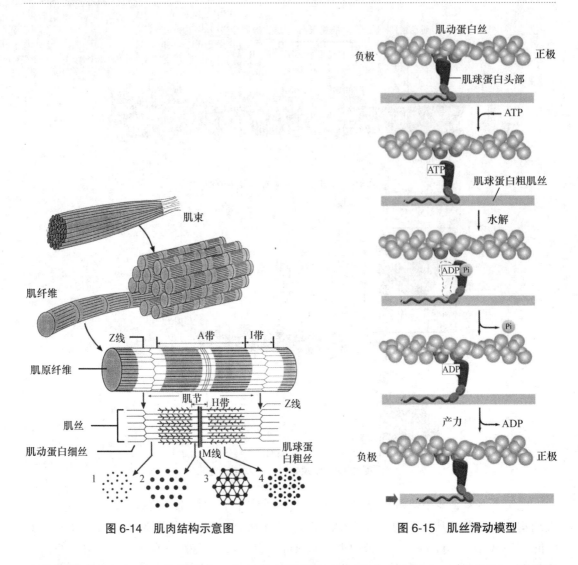

图 6-14　肌肉结构示意图　　　　　图 6-15　肌丝滑动模型

白头部结合在细肌丝上新的位点，使细肌丝沿粗肌丝向肌节中央移动，I 带缩短，引起肌肉收缩。

（六）其他功能

微丝与细胞信号转导有关。例如，有的肌动蛋白结合蛋白（如纽蛋白等）是蛋白激酶及癌基因产物的作用底物；肌球蛋白可通过与信号蛋白结合而参与信号转导。此外，微丝还与核糖体聚合及蛋白质合成有关。

第三节　中间丝

中间丝（intermediate filament，IF），又称中间纤维，是动物细胞中存在的直径约为 10 nm 的一类纤维丝，因其直径介于微丝与微管之间而得名。用高浓度盐溶液或非离子去垢剂处理后，除中间丝外，细胞内大部分的骨架蛋白均被破坏，说明中间丝是最稳定的细胞骨架成分。因其组成的蛋白质种类繁多，所以中间丝也是化学成分最复杂的细胞骨架纤维。中间丝的分布具有严格的组织特异性，临床上可用于鉴别肿瘤细胞的组织来源。中间丝主要为细胞提供机械强度支持，可通过中间丝结合蛋白与其他骨架纤维连接，对细胞形态的维持和细胞分化具有重要的作用。

一、中间丝的组成与结构

（一）中间丝蛋白的类型

组成中间丝的蛋白质分子复杂，不同来源的组织细胞表达不同类型的中间丝蛋白。根据其氨基酸序列、组织分布以及在发育过程中的组织特异性等，可将中间丝蛋白分为六种类型（表6-1）。

表6-1　脊椎动物细胞内中间丝蛋白的主要类型及分布

类型	中间丝蛋白	多肽数	分子量（kDa）	细胞内分布
Ⅰ型	酸性角蛋白（acidic keratin）	>25	40～64	上皮细胞
Ⅱ型	中性/碱性角蛋白（basic keratin）	>25	53～67	上皮细胞
Ⅲ型	波形蛋白（vimentin）	1	54	间充质细胞
	结蛋白（desmin）	1	52	肌肉细胞
	胶质细胞原纤维酸性蛋白（glial fibrillary acidic protein，GFAP）	1	51	星形胶质细胞
	外周蛋白（peripherin）	1	57	外周神经元
Ⅳ型	神经丝蛋白（neurofilament protein，NF）			
	NF-L	1	62	神经元
	NF-M	1	102	神经元
	NF-H	1	110	神经元
Ⅴ型	核纤层蛋白（lamin）			各种类型细胞
	lamin A	1	70	细胞核
	lamin B	1	67	细胞核
	lamin C	1	60	细胞核
Ⅵ型	神经上皮干细胞蛋白（nestin）	1	240	神经干细胞
	联丝蛋白（synemin）	1	230	肌肉细胞

由表6-1可以发现：①中间丝蛋白家族中种类最多的一类蛋白质是角蛋白，存在于上皮细胞及其衍生物中，分为Ⅰ型（酸性角蛋白）和Ⅱ型（中性/碱性角蛋白）两类。Ⅰ型角蛋白和Ⅱ型角蛋白在上皮细胞内可形成异二聚体。两种异二聚体可组成四聚体，进而组装成中间丝。形态与功能不同的上皮细胞可通过细胞内角蛋白的组成加以鉴别。②Ⅲ型中间丝，波形蛋白、结蛋白、胶质细胞原纤维酸性蛋白和外周蛋白都存在于非上皮细胞中。其中，波形蛋白广泛分布于间充质来源的细胞，如成纤维细胞、内皮细胞及白细胞。这些

蛋白通常在各自来源的细胞内形成同源多聚体。③Ⅳ型中间丝，主要见于神经细胞。神经细胞内的中间丝由 3 种神经丝蛋白 NF-L、NF-M 和 NF-H 形成多聚体。④Ⅴ型中间丝，是细胞核纤层蛋白的主体。⑤Ⅵ型中间丝，如神经上皮干细胞蛋白主要存在于神经干细胞中，可影响神经脊细胞的迁移模式及方向，可能与维持细胞形状有关。

（二）中间丝蛋白的结构

中间丝蛋白呈长丝状，其共同的结构特点是均由球形氨基端（头部）、中间 α 螺旋区（杆状区）和球形羧基端（尾部）构成（图 6-16）。中间 α 螺旋区高度保守，由约 310 个氨基酸残基组成（核纤层蛋白约含 356 个氨基酸），包括 4 个 α 螺旋区，其间被 3 个间隔区隔开。4 个 α 螺旋区中的氨基酸残基呈现 7 个一组的重复序列，使杆状区发生微弱的扭曲，从而促进两个平行的 α 螺旋区形成卷曲的螺旋二聚体结构。保守的杆状区是中间丝蛋白组装成中间丝的结构基础。中间丝蛋白头部、尾部（氨基端和羧基端）的大小和氨基酸组成高度可变，为非螺旋结构，呈球形暴露在中间丝的表面，是与胞质中其他组分相互作用的区域。而中间丝蛋白分子量的大小主要取决于尾部的不同。

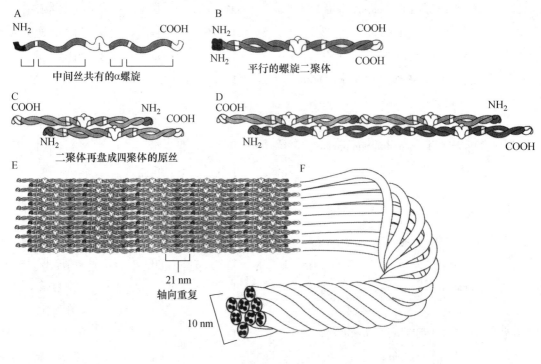

图 6-16　中间丝蛋白结构示意图

二、中间丝的组装

中间丝的组装与微管和微丝不同，不涉及微管所需的 GTP 或微丝所需的 ATP 提供能量。首先，两条平行的中间丝蛋白以 α 螺旋杆状区相互对应，缠绕成双股超螺旋二聚体。然后，两条反向平行的二聚体以半分子交错的方式形成四聚体。细胞内存在少量的可溶性四聚体，因此认为四聚体是中间丝组装的基本单位。四聚体组装成中间丝的步骤尚未明确。一般认为，四聚体首尾相连组装成原丝后，由 8 根原丝通过侧向相互作用形成电镜下直径约为 10 nm 的绳索样中间丝，这样组装成的中间丝易弯曲，但不易折断。中间丝由 32 条多肽组成，可通过伸出来的头部和尾部结合细胞内其他骨架成分，在细胞内形成完整的骨架网络体系。

在中间丝的组装过程中，由于两个二聚体是以相反的方向组装成四聚体的，因此四聚体及由其组装形成的高级结构中间丝均没有极性。在细胞内，中间丝蛋白基本上全部装配成中间丝，几乎不存在相应的游离可溶性蛋白。同时，在中间丝的组装过程中也没有踏车现象出现。值得一提的是，过去曾因未发现有影响中间丝装配的药物，因而一度认为中间丝是一个永久的稳定结构。但将标记的角蛋白显微注射入上皮细胞后却发现，标记的角蛋白快速出现在中间丝内部，这意味着中间丝并不是永久结构，而是一个动态结构。在实验中发现，标记的角蛋白不像微管蛋白或肌动蛋白那样是在纤维末端加入，而是直接整合到中间丝的内部，且仅需 1 小时左右，整个中间丝即可均被标记，提示细胞内的中间丝蛋白与中间丝间可能存在动态平衡。

中间丝组装的调控机制与其蛋白质氨基末端结构域内特殊丝氨酸残基的磷酸化相关。例如，蛋白激酶 A 使波形蛋白磷酸化后，中间丝即解聚。有丝分裂前期核纤层蛋白磷酸化，可导致核纤层解体，使核膜消失；有丝分裂末期核纤层蛋白去磷酸化后，核纤层可待重新装配，重新形成核膜（详见第五章）。

三、中间丝的生物学功能

近年来，应用转基因技术或基因敲除技术获得了多种中间丝蛋白基因改造过的模式小鼠，为研究中间丝的功能提供了有力的工具。通过这些模式动物研究发现，中间丝在细胞形态的维持、细胞分化和信号转导等多种生命活动中均具有重要的作用。

（一）具有支持作用

1. 参与构成完整的细胞骨架网络系统　中间丝向外可与细胞膜和细胞外基质相连，向内可与细胞核的核膜和核基质直接联系，同时还可通过中间丝结合蛋白与胞质内的微丝、微管及其他细胞骨架成分连接，从而构成细胞内完整的骨架网状系统。这种细胞骨架网络系统具有一定的可塑性，可维持细胞质整体结构和功能的完整性。例如，许多动物细胞内的中间丝在细胞核周围形成筐状结构，并向细胞周围伸展，对细胞核在细胞内的定位具有重要的作用。细胞核内膜下方的核纤层网络与核膜连接，对于细胞核形态的维持具有关键的作用。在红细胞内，中间丝蛋白头部的多精氨酸序列可与红细胞膜下的锚定蛋白连接，使中间丝、膜下的血影蛋白和微丝形成一个整体，对细胞起支撑作用。

2. 为细胞提供机械强度支持　中间丝的结构特点决定了其容易弯曲，在受到较大剪切力时可产生机械应力而不易断裂。这种特性使中间丝在容易受到物理压力的细胞中含量特别丰富，如神经元、肌细胞及皮肤上皮细胞。在这些细胞中，中间丝通过其自身的伸展并将细胞在某一点所受到的外力分散，使得细胞不至于在受到机械牵拉时破裂，从而保护细胞结构的完整性。角蛋白基因敲除小鼠由于中间丝不能正常装配，导致角蛋白功能异常，使皮肤容易受到机械损伤而发生表皮松解症，这进一步证实了中间丝在细胞中具有支撑作用。

（二）参与细胞内的物质运输

中间丝可与微管和微丝共同组成完整的细胞骨架系统，共同完成细胞内物质的运输，如神经细胞中的神经元纤维可参与轴突营养物质的转运。近年研究发现，中间丝可参与细胞质内 mRNA 的运输，可能对其在细胞内的定位及翻译具有关键作用。

（三）参与细胞内信息传递

中间丝对外可与细胞膜和细胞外基质中的纤连蛋白联系，对内可与核膜连接。当纤连蛋白与蛋白质膜受体结合后，可引发 DNA 合成。而体外实验显示，中间丝对单链 DNA 具有高度亲和力，由此推测中间丝可能充当信号分子来传递信息，进而调节 DNA 的复制。

（四）在相邻细胞、细胞与基膜之间形成连接结构

角蛋白纤维可参与桥粒和半桥粒的形成和维持。在这些细胞连接中，中间丝可在细胞间形成一个网络，起到维持细胞形态并提供机械强度支持的作用。结蛋白纤维是肌节 Z 盘（Z 线）的重要结构组分，具有维持稳定肌细胞的收缩装置的作用。

（五）参与细胞分化

中间丝蛋白的表达具有严格的时空和组织特异性，说明中间丝与细胞分化之间可能存在密切关系。研究显示，在神经胚形成过程中，神经板皮质细胞开始表达神经上皮干细胞蛋白；随着神经细胞迁移的完成，神经上皮干细胞蛋白表达下调，而波形蛋白开始表达；进一步分化后，神经上皮干细胞蛋白消失，丝联蛋白开始表达，随后波形蛋白表达减少。在出生前 5 天左右，NF-L 和 NF-M 出现，波形蛋白消失，丝联蛋白表达下调并维持低水平的表达，而 NF-H 一般在出生后才开始表达。这说明在发育过程中，细胞能根据发育方向或发育阶段停止表达某种中间丝蛋白而开始表达另一种中间丝蛋白。

第四节　细胞骨架与疾病

细胞骨架具有支撑细胞，维持细胞形态，参与细胞内物质运输、细胞分裂和信号传递等重要作用。作为细胞生命活动必不可少的结构，如其结构或功能出现异常，可引起机体出现多种疾病，包括遗传病（如单基因病）、神经系统疾病和肿瘤等。

一、细胞骨架和遗传性疾病

细胞骨架蛋白或相关蛋白的基因突变可引起细胞骨架结构或功能的异常，这些突变是某些遗传性疾病的主要发病原因。

（一）卡塔格内综合征

卡塔格内综合征（Kartagener syndrome）是由支气管扩张、鼻旁窦炎和右位心三联征组成的综合征，是原发性纤毛运动不良症的一种类型。本病的病因是纤毛和鞭毛杆部的动力蛋白臂缺失或缺陷，导致纤毛和鞭毛运动障碍。其主要症状包括：由于气管黏膜上皮细胞纤毛运动障碍，不能有效排出呼吸道分泌物而引起慢性支气管炎；精子失去运动的动力而导致男性不育；胚胎发育时细胞不能运动到目的部位而引起内脏位置的反向（如心脏在右侧）。

（二）Wiskott-Aldrich 综合征

威斯科特 - 奥尔德里奇综合征（Wiskott-Aldrich syndrome，WAS）简称威 - 奥综合征，是一种以血小板减少、湿疹、反复感染为主要症状的免疫缺陷疾病，属于 X 连锁隐性遗传病。患者的血小板和淋巴细胞体积变小，微绒毛数量减少，微丝结构异常。本病的病因主要是微丝在体内的成核及聚合异常。

（三）单纯型大疱性表皮松解症

单纯型大疱性表皮松解症（epidermolysis bullosa simplex）是由于角蛋白 14 基因（CK14）突变引起角蛋白结构异常而不能组装成正常的角蛋白中间丝结构，使皮肤抵抗机械损伤的能力下降。轻微的挤压即可破坏患者表皮基底细胞，使皮肤松解、起疱。该病患者容易死于机械创伤。

二、细胞骨架与神经系统疾病

细胞骨架蛋白的结构和功能异常与多种神经系统疾病相关。例如，微管相关蛋白 tau 蛋白主要分布在神经元轴突中，具有促进微管聚合、防止微管解聚和维持微管功能稳定的作用，其功能异常可能导致神经退行性变性疾病。阿尔茨海默病（Alzheimer's disease，AD）是一种以进行性记忆和认知功能丧失为临床特征的大脑退行性疾病。本病的发病原因是由于 tau 蛋白异常过度磷酸化而形成双股螺旋细丝（paired helix filament，PHF），从而使神经原纤维缠结、微管聚合缺陷，以及细胞内物质运输障碍，最终导致神经元退行性变。

亨廷顿病（Huntington's disease，HD）是一种以舞蹈样不自主运动和进行性认知障碍为主要表现的神经系统变性疾病。其病因是患者的神经元细胞质内微管蛋白和微丝聚合蛋白缠结，导致胞内物质运输受阻而形成异常聚集物，最终导致疾病的发生。

三、细胞骨架与肿瘤

肿瘤细胞常可出现细胞骨架结构的异常，如肿瘤细胞中心体结构显著异常，包括中心粒数量过多，中心粒周围基质过量，中心粒筒状结构混乱，中心粒长度异常，中心体错位和中心体蛋白异常磷酸化等。而作为动物细胞主要的微管组织中心，中心体结构异常可导致细胞极性改变、细胞和组织分化异常及染色体异常分离。利用免疫荧光抗体技术使细胞内微管显色，可发现肿瘤细胞内的微管数量明显减少，微管分布紊乱甚至达不到细胞膜下的细胞质溶胶层，这些异常可引起肿瘤细胞的形态及细胞器的运动发生异常。另外，恶性肿瘤的侵袭性及其向周围或远处转移的特性也与细胞骨架的变化有关。例如，在多种肿瘤细胞中，应力纤维及黏着斑破坏，肌动蛋白可重组形成肌动蛋白小体并聚集在细胞皮质内，可增强肿瘤细胞的运动能力有关。因此，微管和微丝可作为肿瘤化疗药物的作用靶点。例如，紫杉醇、秋水仙碱和细胞松弛素及其衍生物能通过破坏微管、微丝的组装或解聚而抑制肿瘤细胞的分裂、诱导细胞凋亡，并抑制依赖于微丝的运动而发挥抗肿瘤作用。

中间丝蛋白基因在体内的表达具有严格的时空和组织特异性。绝大多数肿瘤细胞即使转移后，也能表达来源细胞的中间丝蛋白。利用这种特性可鉴定肿瘤细胞的组织来源，对肿瘤的诊断具有重要的意义。

小 结

细胞骨架是存在于真核细胞的蛋白质纤维网架体系，是细胞内一类重要的细胞器，由微管、微丝和中间丝组成。

微管是由 α、β 微管蛋白异二聚体装配而成的中空管状结构。细胞内微管可以是可变的动态结构，也可以是稳定的结构。微管组装时，正极生长速度明显快于负极，低温、高 Ca^{2+} 浓度和药物处理均可破坏微管组装与去组装之间的平衡。游离的 GTP-微管蛋白异二聚体的浓度和 GTP 水解成 GDP 的速度决定了微管处于组装或去组装的状态。微管的组装具有动态不稳定性。细胞内存在微管组织中心可控制微管的数量、分布及极性。微管具有维持细胞形态，参与鞭毛和纤毛介导的细胞运动、胞内物质运输以及细胞分裂等重要作用。

微丝是由球形肌动蛋白组成的直径为 5 ~ 8 nm 的骨架纤维，呈束状、网状或纤维状分散存在于细胞中，具有极性。游离的 ATP-肌动蛋白单体浓度和 ATP 的水解速度决定了微丝的组装状态。当肌动蛋白单体的浓度介于正、负极临界浓度之间时，其在正极的添加速度与负极的解离速度相等，而微丝长度相对不变，出现踏车现象。肌动蛋白、原肌球蛋白和肌钙蛋白共同组成肌节的细肌丝，肌球蛋白组成肌节的粗肌丝。肌肉收缩是肌球蛋白头部与邻近细肌丝结合并发生一系列构象变化引起的粗、细肌丝之间相对滑动的结果。此外，微丝还可参与细胞形态的维持、胞质分裂以及细胞运动。

中间丝是由多种不同的中间丝蛋白组装而成的，是一种相对稳定、坚韧的蛋白质纤维，主要为细胞提供机械强度支持。其分布具有严格的组织特异性。

（李 莉）

 习题

一、单项选择题

1. 组成微丝最主要的化学成分是
   A. 肌动蛋白　　　　B. 肌球蛋白　　　　C. 交联蛋白　　　　D. 波形蛋白
2. 能使微管稳定的药物是
   A. 鬼笔环肽　　　　B. 秋水仙碱　　　　C. 紫杉醇　　　　　D. 细胞松弛素
3. 对细胞核有固定作用的结构是
   A. 微管　　　　　　B. 微丝　　　　　　C. 中间丝　　　　　D. 核纤层
4. 微管蛋白的异二聚体上可结合
   A. ATP　　　　　　B. GTP　　　　　　C. CTP　　　　　　D. UTP
5. 下列结构由微丝组成的是
   A. 纤毛　　　　　　B. 鞭毛　　　　　　C. 纺锤体　　　　　D. 应力纤维

二、简答题

1. 叙述微管、微丝和中间丝的异同。

2. 什么是微管组织中心?

3. 叙述纤毛的运动机制。

4. 微丝的组装受哪些因素影响?

5. 如何理解微管的动态不稳定性? 其生物学意义是什么?

第七章　细胞增殖与细胞死亡

1855 年，德国科学家魏尔肖（R. Virchow）明确提出："一切细胞只能来自原来的细胞"。细胞增殖（cell proliferation）是生命活动的重要特征之一，是细胞通过生长和分裂产生子代细胞，增加细胞数量，并使子细胞获得与母细胞相同或几乎相同遗传特性的过程，可以有效地保证生物遗传的稳定性。细胞增殖在生物体的繁衍、生长发育、修复等多方面具有重要作用。细胞增殖以遗传物质 DNA 的复制和细胞分裂为基础，呈周期性进行。通常将细胞从一次分裂结束到下一次分裂结束所经历的规律性变化过程称为一个细胞周期（cell cycle）。

第一节　细胞增殖

细胞增殖是生物体生长发育的重要基础，有机体的生长主要依靠细胞数量的增多，而不是细胞体积的增大。成年人体约由 2×10^{14} 个细胞组成，这些细胞由受精卵经细胞分裂而来。细胞分裂（cell division）是指一个细胞通过细胞核和细胞质的分裂产生两个子细胞的过程，是细胞生命活动的重要特征之一。如果没有细胞分裂，就没有生物的生长、发育、遗传和进化。细胞分裂的方式可分为三种类型：无丝分裂（amitosis）、有丝分裂（mitosis）和减数分裂（meiosis）。不同的分裂方式在分裂过程及子细胞遗传特性等方面各具特点。

一、无丝分裂

无丝分裂是最早被发现的细胞分裂方式。无丝分裂是由母细胞直接分裂形成两个子细胞的一种分裂方式，因此又称直接分裂（direct division）。无丝分裂的典型过程是核仁先伸长，在中间缢缩分开。随后，核也伸长，并在中部从一面或两面向内凹进横缢，使核变成哑铃形。同时细胞也在中部缢缩、变细，最后断裂，一分为二，形成两个子细胞。在细胞分裂的过程中，核仁、核膜都不消失，不涉及纺锤体的形成和染色体的组装，看不到染色体复制和平均分配到子细胞中的过程（图 7-1）。但进行无丝分裂的细胞，也要进行染色质的复制，并且细胞体积也会增大。当细胞核体积增大 1 倍时，细胞就会发生分裂。关于核内的遗传物质 DNA 是如何分配到子细胞中的过程，还有待进一步研究。无丝分裂的特点

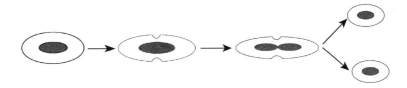

图 7-1 细胞无丝分裂模式图

是分裂迅速、能量消耗少，分裂中的细胞仍可继续执行其功能。因此，无丝分裂对于细胞适应外界变化具有特殊的意义。

过去认为无丝分裂主要存在于低等生物和高等生物体内的衰老细胞或病态细胞中，但后来发现在动物和植物的正常组织中也普遍存在无丝分裂。无丝分裂在高等生物中主要发生在高度分化的细胞内，如动物上皮组织、疏松结缔组织，以及肌肉组织和肝细胞内都存在无丝分裂。

二、有丝分裂

有 丝 分 裂（mitosis） 又 称 间 接 分 裂（indirect division），是高等真核生物体细胞分裂的主要方式。在细胞经过 DNA 复制、染色体组装等一系列复杂的变化后，细胞内形成有丝分裂器，可将遗传物质平均地分配到两个子细胞中。细胞在有丝分裂过程中通过有丝分裂器把分裂间期（interphase）（细胞分裂之间的时期）合成的生物大分子特别是染色体 DNA 精确地分配至两个子代细胞中，从而保证了遗传性状的继承性和稳定性。有丝分裂过程是连续的，但为了便于描述，通常将其划分为五个时期：前期（prophase）、前中期（prometaphase）、中期（metaphase）、后 期（anaphase） 和 末 期（telophase）（图7-2）。在这一过程中发生的主要事件有：核膜崩解与重建；染色质凝集与解凝集；纺锤体（spindle）形成和染色体运动；细胞质分裂。

（一）前期

前期细胞变化的主要特征为：染色质凝缩，分裂极出现与纺锤体形成，核仁缩小、解体，核膜破裂。

1. 染色质凝集成染色体 染色质凝集是细胞进入有丝分裂前期的标志。每条染

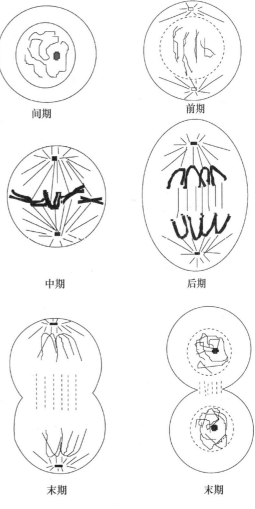

间期 · 前期 · 中期 · 后期 · 末期 · 末期

图 7-2 细胞有丝分裂模式图

色体经过复制，可形成完全相同的两条姐妹染色单体（sister chromatid）。两条姐妹染色单体中间借着丝粒相连。动粒（kinetochore）附着在着丝粒两侧，由多种蛋白质组成，在电镜下呈板状或杯状的复合结构，是染色体与纺锤丝相连的部位（图 7-3）。在染色质凝集过程中，与核小体组装相关的组蛋白也发生磷酸化，可进一步促进染色质的凝集。

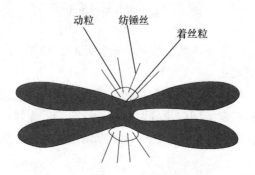

图 7-3　染色体着丝粒和动粒结构

2. **核膜破裂和核仁解体**　染色质凝集的同时，核膜开始崩解。核膜崩解是一个复杂、多步骤的过程。首先，核孔复合体的某些蛋白质亚单位亚基发生磷酸化，致使核孔复合体解聚，并与核膜分离。随后，内核膜及其邻近的核纤层的部分蛋白质也被磷酸化，核纤层纤维网状结构由此随之解体，核膜崩解并形成许多小膜泡，分散在胞质中。

由于染色质的凝集，核仁组织区的 DNA 各自进入所属的染色体中，而核仁中的 RNA 和蛋白质也分散在细胞质中，因此，核仁开始逐渐分解，并最终消失。

3. **分裂极出现与纺锤体形成**　随着染色质的凝集，原来分布于细胞同一侧并已经完成复制的两个中心体开始沿核膜外围分别向细胞的两极移动，它们最后到达的位置将决定细胞的分裂极。当核膜解体时，两个中心体已到达两极，并在两者之间形成纺锤体。纺锤体是由微管和微管蛋白构成的呈纺锤状结构。纺锤体内的微管包括三种类型：①动粒微管（kinetochore microtubule）：由中心体发出，其正端与染色体动粒相连，动粒上有马达蛋白质，负责驱动染色体运动。②星体微管（astral microtubule）：由中心体发出，末端结合有马达蛋白质，负责驱动两极的分离，同时可确定纺锤体纵轴的方向。③极微管（polar microtubule）：由纺锤体两极发出，其游离端在赤道面处重叠，重叠部位结合有马达蛋白质，负责将两极分开。

（二）前中期

细胞进入前期末，染色体凝集程度增高，进而变得更粗短。当核膜破裂、崩解时，纺锤体微管向细胞内部侵入，与染色体的动粒结合。一侧纺锤体微管自由端"捕获"染色体一侧的动粒，另一侧纺锤体微管自由端"捕获"该染色体另一侧的动粒。这种随机过程不断进行，使染色体在细胞中的分布无规律。随着动粒微管正端不断聚合与解聚的牵引作用，染色体发生剧烈的震荡和摇摆运动，最后逐渐移向细胞中央形成赤道面。

（三）中期

在中期细胞中，所有染色体的着丝粒均位于同一平面，染色体两侧的动粒均朝向纺锤体的两极。每个动粒上可结合数十根微管，两个动粒上的微管长度相等。从细胞侧面观察可见，染色体呈辐射状排列；从极面观察，染色体集中排列成菊花状。两侧的动粒微管作用于染色体上的力量持平。在中期细胞中，由染色体和纺锤体构成有丝分裂器（图7-4），可保证复制和包装后的染色单体能均匀地分配到子代细胞中。

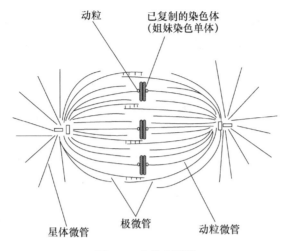

图 7-4　有丝分裂器

（四）后期

此时期，两条姐妹染色单体分离，并被纺锤体拉向细胞两极。姐妹染色单体分离的原因主要与染色体着丝粒分离有关。动粒微管拉力的影响并不大，因为使用秋水仙碱抑制微管形成后，两条染色单体仍可分离。分离的染色单体向细胞两极移动需要依靠纺锤体微管的牵引。后期可以分为两个阶段：后期 A 和后期 B（图7-5）。①后期 A：发生于染色体极向运动的起始阶段，着丝粒分离，动粒微管去组装，其长度不断地缩短，由此带动染色体的动粒向两极移动。在此阶段，染色体两臂的移动常滞后于动粒，因此在形态上可呈现 "V" "J" 等形状。②后期 B：纺锤体逐渐延伸，导致纺锤体两极间的距离拉长。同时，微管组装、星体微管和动粒微管去组装。细胞两极间的距离增大，促使染色体发生极向运动。一方面，极微管延长，结合在极微管重叠部分的马达蛋白质提供动力，推动两极分离；另一方面，星体微管去组装而缩短，结合在星体微管正极的马达蛋白质牵引星体微

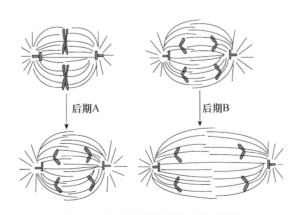

图 7-5　有丝分裂的后期 A 和后期 B

管，使两极间的距离加大。因此，染色体的分离是在纺锤体微管及马达蛋白质的共同作用下完成的。

（五）末期

末期的主要特点是核重建和胞质分裂，两个子细胞形成，完成细胞分裂过程。末期子核的形成大体经历了与前期相反的过程，即染色体到达两极后开始解聚，与此同时，分布在胞质中的核膜小泡在核纤层蛋白聚合过程中开始向染色体表面集聚，在每条染色体的周围形成双层膜。随着染色质纤维集聚和相互缠绕，原来每条染色体周围的双层膜和小泡重新分布在染色体团的周围而形成核膜，部分内质网膜也参与核被膜的形成。同时，在核仁组织区（nucleolus organizing region，NOR）周围形成新的核仁，几个核仁组织区共同组成一个大的核仁。因此，核仁的数量通常比核仁组织区的数量要少。

当细胞分裂进入后期末或末期初，在中部质膜下方出现大量由肌动蛋白和结合在上面的肌球蛋白 II 及其他多种结构蛋白、调节蛋白组装形成的环状结构，称为收缩环（contractile ring）（图 7-6）。收缩环中的肌动蛋白、肌球蛋白纤维相互滑动，使收缩环不断缢缩、直径减小，与其相连的细胞膜逐渐内陷，形成分裂沟（cleavage furrow）。分裂沟迅速加深，并向细胞周围扩展，最终把细胞完全分开。此过程需要 ATP 提供能量。用松胞菌素及肌动蛋白和肌球蛋白抗体处理均能抑制收缩环的形成。

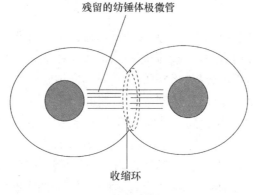

图 7-6　胞质收缩环

分裂沟形成的时间及部位与纺锤体的位置密切相关。纺锤体的位置是决定细胞对称分裂和不对称分裂的因素之一。当纺锤体位于细胞中央时，细胞对称分裂，产生的两个子细胞大小均等、成分相同；相反，不在细胞中央的纺锤体将导致细胞不均等分裂，所产生的子细胞在大小、成分上均有差异，称为不对称分裂。

在有丝分裂过程中，细胞通过核分裂和胞质分裂，借助微管、微丝的作用，以实现染色体及胞质在子细胞中的均等分配。染色质凝集和纺锤体形成是有丝分裂过程的重要特征。蛋白质的磷酸化和去磷酸化是分裂过程中染色质凝集与去凝集、核膜解体与重建等变化的分子基础。

有丝分裂的过程主要集中在细胞核内，尤其是遗传物质 DNA 的平均分配。而在有丝分裂过程中，细胞器也需要平均地分配到两个子细胞中。线粒体在胞质分裂前需要先进行增殖以达到数量倍增，才能被平均地分配到两个子细胞中。内质网在间期与核膜连在一起，并由微管支撑。细胞进入分裂期后，随着微管的重排与核膜的崩解，内质网被释放出来。在大多数细胞中，完整的内质网通过胞质分裂被一分为二，并进入到子细胞中。高尔基复合体在有丝分裂过程中将发生结构重组及断裂，其断片通过与纺锤体的两极相连而被分配到纺锤体的两极，成为每个子细胞中高尔基复合体重新组装的材料来源。

三、减数分裂

减数分裂是生殖细胞形成过程中的特殊的分裂方式。减数分裂的主要特征是 DNA 只复制一次而细胞连续分裂两次，产生四个子细胞。每个子细胞中的染色体数目比母细胞减少一半，成为仅具有单倍体遗传物质的配子。由于减数分裂发生在生殖细胞成熟过程中，所以又称成熟分裂（maturation division）。

细胞在减数分裂过程中连续分裂两次，分别称为减数分裂 I 和减数分裂 II（图 7-7）。通常，减数分裂 I 分离的是同源染色体，所以称为异型分裂（heterotypic division）。减数分裂 II 分离的是姐妹染色单体，类似于有丝分裂，所以称为同型分裂（homotypic division）。

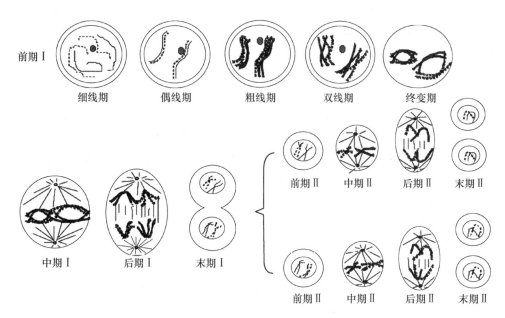

图 7-7 减数分裂图解

（一）减数分裂 I

与有丝分裂的时期划分类似，可将减数分裂 I 过程划分为前期 I、中期 I、后期 I 和末期 I。

1. 前期 I 此期的持续时间在不同物种间的差异很大，为数周到数十年。同时，细胞变化复杂，包括细胞核显著增大，染色质凝集，染色体配对和片段交换等。根据细胞形态及染色体的行为变化特点，可将前期 I 划分为 5 个时期：细线期（leptotene）、偶线期（合线期）（zygotene）、粗线期（pachytene）、双线期（diplotene）和终变期（diakinesis）。需要注意的是，这 5 个阶段本身是连续的，它们之间并没有截然的界限。

（1）细线期：染色体呈细线状，此期虽然染色体已经复制，但光镜下分辨不出两条染色单体。由于染色体细线交织在一起，偏向核的一方，所以此期又称凝线期；在有的物种则表现为染色体端粒在核膜的一侧集中，另一端呈放射状伸出，形似花束，故此期又称花束期（bouquet stage）。此期细胞核体积增大，核仁也较大，推测与 RNA、蛋白质的合成有关。

（2）偶线期：染色质进一步凝集，分别来自父本和母本、形态和大小相同的同源染色体（homologous chromosome）相互靠近、配对，这个过程称为联会（synapsis）。染色体配对从同源染色体上若干不同部位的接触点开始，沿其长轴迅速扩展到整个染色体。偶线期在光镜下可以看到结合在一起的一对同源染色体，称为二价体（bivalent）。每对同源染色体都经过了复制，共含有四个染色单体，所以又称四分体（tetrad）或四联体。同源染色体的相互识别是配对的前提，但机制尚不清楚。

在联会的同源染色体之间，沿纵轴方向存在一种特殊的蛋白质复合结构，即联会复合体（synaptonemal complex，SC）（图 7-8）。在电镜下观察，联会复合体两侧是约 40 nm 的侧成分（lateral element），电子密度很高；两侧之间为宽约 100 nm 的中间区（intermediate space），在电镜下观察是明亮区；中间区的中央为中央成分（central element），宽约 30 nm。侧成分与中央成分之间有横向排列的粗 7 ~ 10 nm 的联会复合体纤维，其外观呈梯状。在磷钨酸染色的联会复合体中央，还可以看到呈圆形或椭圆形的重组结（recombination nodule，RN）。重组结是同源染色体发生交叉的部位，含有多种基因交换所需的酶。重组结可将来自父本和母本的同源非姐妹染色单体 DNA 的局部区域结合在一起，进而引起活跃的基因重组。从形态学来看，联会复合体在细线期开始装配，在偶线期形成，在粗线期成熟并存活数天，于双线期消失。联会复合体的形成与偶线期 DNA（Zyg-DNA）合成有关，在细线期或偶线期加入 DNA 合成抑制剂，可抑制联会复合体的形成。联会复合体与染色体的配对、交换和分离密切相关。

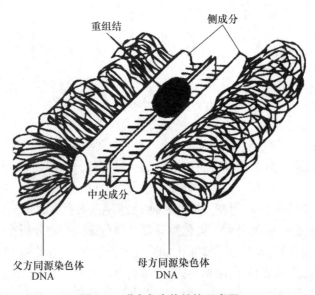

图 7-8　联会复合体结构示意图

（3）粗线期：染色体进一步凝集，DNA重组活跃。联会复合体在偶线期组装后，开始执行活跃的DNA重组和交换功能，故此期又称重组期。粗线期可持续长达数天、数月甚至更长时间。此期染色体变短、结合紧密，光镜下仅在局部可以区分同源染色体。在粗线期内，不仅能合成减数分裂特有的组蛋白，同时还可进行少量的DNA合成，所合成的DNA称为粗线期DNA（P-DNA）。粗线期DNA在染色体交换过程中对DNA链的修复、连接等具有重要的作用。

（4）双线期：联会的同源染色体相互排斥、开始分离，仅在交叉（chiasma）部位还保持着联系。双线期染色体进一步缩短，在电镜下已看不到联会复合体。交叉的数量和位置在每个二价体上并不是固定的。一般每个四分体上至少有1个交叉，在人类平均每一对同源染色体有2～3个交叉。随着时间的推移，交叉点向染色体端部移动，这种移动现象称为端化作用（terminalization），可一直持续到中期。

（5）终变期：染色质高度凝集，二价体显著变短，并向核周边移动，在核内均匀散开。因此，终变期是观察染色体的良好时期。由于交叉端化过程的进一步发展，故交叉数量减少，通常只有1～2个交叉。终变期二价体的形状呈现多样性，如"V"形、"O"形等。此期核仁开始消失，核被膜解体，纺锤体形成。

2. 中期Ⅰ　核仁消失，核被膜解体，即标志着细胞分裂已进入中期Ⅰ。与有丝分裂相似，中期Ⅰ的主要特点是染色体排列在赤道面上；不同的是减数分裂中期Ⅰ的染色体为二价体，二价体中每条同源染色体的姐妹染色单体的动粒融合在一起。这样，每个二价体的两个动粒分别位于赤道面的两侧，各自面对相对的两极，由此决定二价体中的每条同源染色体的去向。此期位于同源染色体端部的交叉仍然结合在一起。

3. 后期Ⅰ　二价体中的两条同源染色体分开，分别向两极移动。由于分离的是同源染色体，所以每个子细胞中的染色体数目减半，但每个子细胞的DNA含量仍为2倍（简称2C）。同源染色体随机分向两极，使母本和父本染色体发生重组，引起基因组变异。例如，人类有23对染色体，染色体组合的方式有2^{23}种（不包括交换）。因此，除同卵双生外，几乎不可能得到遗传上完全相同的后代。由于同源染色体的交叉互换和重组，此期染色单体上有不同程度的母本和父本混合成分。

4. 末期Ⅰ　染色体到达两极后，逐渐成为细丝状的染色质纤维，核仁、核膜重新出现，胞质分裂后形成两个子细胞。某些生物的染色体在此期仍保持凝集状态，直至胞质分裂后形成两个子细胞。

（二）减数分裂Ⅱ

在减数分裂Ⅱ之前有一个短暂的间期，此期不进行DNA的合成。某些生物没有该期，而是由末期Ⅰ直接转为减数分裂Ⅱ。减数分裂Ⅱ的过程与有丝分裂基本相同，可分为前期Ⅱ、中期Ⅱ、后期Ⅱ和末期Ⅱ。

1. 前期Ⅱ　末期Ⅰ去凝集的染色体发生再次凝集，核仁消失，核膜崩解，纺锤体再次形成，染色体逐渐向细胞中央的赤道面移动。

2. 中期Ⅱ　染色体排列在细胞中央赤道板上。需要注意的是，此期已经不存在同源染色体了。

3. 后期Ⅱ　姐妹染色单体分离，并移向细胞两极。

4. 末期Ⅱ 染色体去凝集，成为染色质纤维，核仁、核膜重现，胞质分离后形成新的子细胞。子细胞是染色体数目为 n 的单倍体细胞。

通过减数分裂和受精，可使亲代与子代之间的染色体数目保持恒定，保证了物种的相对稳定性。另外，在减数分裂过程中，发生非同源染色体的重新组合，以及同源染色体间的部分交换，从而使配子的遗传基础呈现多样化，为生物的变异及其对环境条件的适应提供了重要的物质基础。因此，减数分裂是生物有性生殖的基础，是生物遗传、进化和生物多样性的重要保证。

第二节　细胞周期及其调控

一、细胞周期的概念及时期的划分

细胞周期（cell cycle）又称细胞生命周期或细胞增殖周期，是指连续分裂的细胞从上一次细胞分裂结束到下一次细胞分裂结束所经历的全部过程。细胞周期可分为分裂期（又称 M 期）和位于两次分裂期之间的分裂间期。分裂间期又可以分为 G_1 期、S 期和 G_2 期。G_1 期（G_1 phase）是指从有丝分裂完成到 DNA 合成之前的间隙期。S 期（synthesis phase）是指细胞周期内细胞进行 DNA 复制的时期。绝大多数真核细胞的细胞周期严格按照间期（G_1-S-G_2）-M 期 - 间期的规律连续循环（图 7-9）。

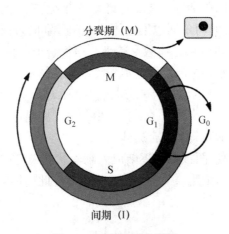

图 7-9　细胞周期示意图

根据细胞周期和细胞增殖的特性，可以将多细胞生物中的细胞群体分为三类：周期细胞、G_0 期细胞和终末分化细胞。①周期细胞：可持续增殖，使细胞周期持续循环，如上皮组织的基底细胞。② G_0 期细胞：又称静息细胞，这类细胞暂时性停止分裂，一旦需要，即可快速返回正常细胞周期，进行分裂增殖，如肝实质细胞。③终末分化细胞：这类细胞分化成熟，细胞周期终止，不再进行分裂，如神经元、红细胞等。

二、细胞周期各时相的特点

细胞周期的中心事件简单来说就是间期遗传物质复制，分裂期遗传物质平均分配到两个子细胞中。为实现这一过程，细胞会发生一系列结构和功能上复杂的变化，因而细胞周期各时相都有其各自的特点。

（一）DNA 复制准备期——G_1 期

G_1 期又称 DNA 合成前期（DNA presynthetic phase），是指分裂期结束到 S 期 DNA 合成开始前的细胞生长发育时期，是细胞为进入 S 期准备必要物质基础的时期。G_1 期细胞体积迅速增大，合成大量 RNA 及蛋白质，如 DNA 聚合酶、钙调蛋白、细胞周期蛋白、周期蛋白依赖性激酶及 S 期促进因子（S phase promoting factor，SPF）等。G_1 期的另一个特点是发生多种蛋白质的磷酸化，如组蛋白、非组蛋白及某些蛋白质激酶的生物磷酸化。G_1 期细胞膜对物质的转运作用加强，可以保证 G_1 期生化合成过程中大量原料的需求。G_1 期末，中心粒开始复制。

（二）DNA 复制期——S 期

S 期又称 DNA 合成期，是指从 DNA 合成开始到 DNA 合成结束的整个时期。此期最主要的特征是细胞进行 DNA 复制，组蛋白和非组蛋白等蛋白质大量合成，并组装成染色质结构。DNA 复制有一定的顺序，一般常染色质和富含 C—G 的碱基片段先复制，异染色质和富含 A—T 的碱基片段后复制。在这一阶段，DNA 既要完成自我复制，又要参与转录和合成蛋白质的活动。

中心粒的复制于 S 期完成。首先是相互垂直的一对中心粒彼此发生分离，然后其在各自的垂直方向形成一个子中心粒，所形成的两对中心粒将作为微管组织中心，在纺锤体的形成过程中发挥重要的作用。

（三）细胞分裂准备期——G_2 期

G_2 期（G_2 phase）又称 DNA 合成后期，是指从 DNA 合成结束到分裂期开始前的细胞生长发育时期，是为 M 期进行物质准备的阶段。

G_2 期继续大量合成 RNA 和蛋白质，特别是一些与 M 期细胞结构和功能相关的蛋白质，如参与 M 期纺锤体组装的微管蛋白、促成熟因子（maturation promoting factor，MPF）等。同时，S 期已复制的中心体体积逐渐增大，中心粒开始分离并向细胞两极移动。

（四）细胞分裂期——M 期

M 期是将复制完的遗传物质平均分配到两个子细胞中，并完成细胞分裂的时期。此期在细胞周期中所占的时间最短，而且细胞形态和结构发生显著改变，如染色质凝集及分离、核膜、核仁的解体及重建，纺锤体、收缩环在胞质形成，细胞核分裂形成两个子核，细胞质一分为二。另外，细胞膜在此期也会发生变化，体外贴壁培养的细胞变圆，脱离培养瓶底，可用摇落法进行细胞周期 M 期同步化筛选。

三、细胞周期调控

细胞周期的准确调控对生物的生存、繁殖、发育和遗传至关重要。对简单生物而言，细胞周期调控主要是为了适应自然环境，以便根据环境状况调节繁殖速度。复杂生物的细胞则需对自然环境和其他细胞、组织的信号做出正确的应答，以保证组织、器官和个体的正常发育，确保生长与代谢活动的正常进行。此外，创面愈合、骨折愈合及组织器官再生等活动也与细胞周期调控密不可分。因此，复杂生物的细胞周期调控机制更为精细。

（一）细胞周期调控系统的核心——细胞周期蛋白与周期蛋白依赖性激酶

1. 细胞周期蛋白（cyclin） 是指含量随着细胞周期的变化而发生改变（即周期性地合成及降解）的一类蛋白质，故称为周期蛋白，又称周期素（图7-10）。细胞周期蛋白能选择性地与周期蛋白依赖性激酶（cyclin-dependent kinase，Cdk）特异性结合，使Cdk活化，从而参与细胞周期调控。目前从芽殖酵母、裂殖酵母和各类动物细胞中分离出的细胞周期蛋白已有30余种，通常依据出现及发挥作用的细胞周期时相分为G_1期细胞周期蛋白（如细胞周期蛋白D，即cyclin D）、G_1/S期细胞周期蛋白（如细胞周期蛋白E，即cyclin E）、S期细胞周期蛋白（细胞周期蛋白A，即cyclin A）和M期细胞周期蛋白（如细胞周期蛋白B，即cyclin B）。各类周期蛋白分子中均含有一段约由100个氨基酸残基组成的保守序列，称为周期蛋白框，可介导周期蛋白与Cdk结合。此外，周期蛋白还存在一段特殊的氨基酸序列，可介导其自身快速降解，使相应的Cdk失活，参与细胞周期调控。

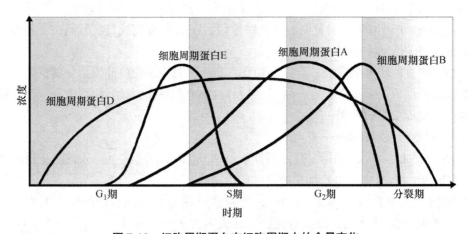

图 7-10　细胞周期蛋白在细胞周期中的含量变化

2. 周期蛋白依赖性激酶（Cdk） Cdk是一类必须与周期蛋白结合后才表现出活性的蛋白激酶，活化后可以磷酸化多种底物，从而在细胞周期调控过程中发挥调控作用。目前已发现的Cdk有11种，除Cdk 9外，其余均与细胞周期调控有关。不同的Cdk均含有一段类似的激酶结构域，在此结构域中有一小段非常保守的序列，可介导其自身与周期蛋白的结合。在细胞周期的不同阶段，不同的Cdk可通过结合特定的周期蛋白（表7-1）而磷酸化相应的蛋白质，由此控制细胞周期不同时期的主要事件（图7-11）。由于周期蛋白在细胞周期中不断地合成与降解，使得Cdk的活性也呈现周期性地变化。

表 7-1 脊椎动物和酵母细胞中主要的细胞周期蛋白与周期蛋白依赖性激酶

细胞周期时相	脊椎动物		芽殖酵母	
	细胞周期蛋白	Cdk	细胞周期蛋白	Cdk
G₁	cyclin D*	Cdk 4、Cdk 6	Cln 3	Cdk1（CDC28）
G₁/S	cyclin E	Cdk 2	Cln 1、2	Cdk1（CDC28）
S	cyclin A	Cdk 2	Clb 5、6	Cdk1（CDC28）
M	cyclin B	Cdk 1（cdc2）	Clb 1- ~ 4	Cdk1（CDC28）

* 包括 cyclinD$_{1-3}$，各亚型 cyclin D 在不同细胞中的表达量不同，但具有相同的功效

　　Cdk 活性的调控不仅包括与细胞周期蛋白的结合，还包括 Cdk 的多重磷酸化 / 去磷酸化修饰，以及与 Cdk 抑制因子的结合，使 Cdk 在正确的时间完全活化，以保证细胞周期调控的精确性。

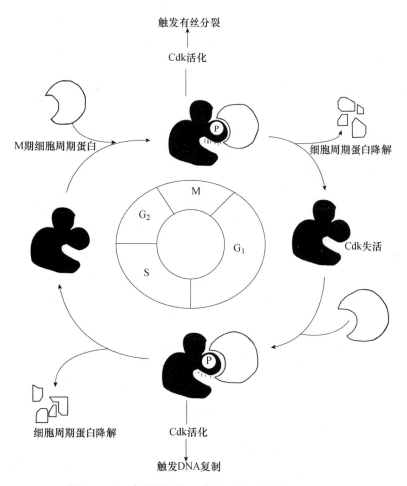

图 7-11 细胞周期调控系统核心成分作用机制示意图

3. Cdk 抑制因子 周期蛋白依赖性激酶抑制因子（cyclin-dependent kinase inhibitor, CKI）可以直接与 Cdk 或 Cdk- 细胞周期蛋白复合体结合，抑制 Cdk 活性，进而阻断或延迟细胞周期的进行，对细胞周期起负调控作用。CKI 通常作用于 G_1 期。当细胞发生故障（如 DNA 损伤）时，CKI 可抑制 Cdk 的活性，将细胞阻滞在 G_1 期，以保证遗传物质的稳定性。

（二）细胞周期蛋白 / 周期蛋白依赖性激酶对细胞周期的核心调控作用

细胞周期蛋白与细胞周期蛋白依赖性激酶复合物是细胞周期调控体系的核心。周期蛋白的周期性形成与降解，可以诱导特定的 Cdk 依次活化或失活，引发细胞周期进程中特定事件的出现与停止，使细胞周期有条不紊地进行。

1. G_1 期细胞周期蛋白 -Cdk 复合物的作用 G1 初期，所有 Cdk 均保持失活状态，主要原因是 CKI 与 Cdk 或 Cdk 蛋白复合体结合而抑制 Cdk 的活性；同时，细胞内周期蛋白的含量较少。Cdk 失活可防止细胞在 G_1 期启动 DNA 的复制和细胞分裂等事件，以保证细胞有足够时间完成 G_1 期。随后，细胞在外界生长因子等促分裂原的刺激下，cyclin D 的表达增加，可激活 Cdk 4/6，进而促进细胞生长；活化的 Cdk 4/6 可将 Rb 蛋白磷酸化，使其释放转录因子 E2F；E2F 恢复活性后，可使 cyclin E 的转录活性增高，进而激活 Cdk 2；活化的 Cdk2 可以进一步激活 E2F，形成正反馈，并引起 G_1/S 期和 S 期 Cdk 复合体活性升高，使细胞通过 G_1 期限制点，启动 DNA 的复制。

2. S 期细胞周期蛋白 -Cdk 复合物的作用 S 期内 DNA 的复制不仅要在特定的时间被启动，而且需要保持高度准确性，即保证每个基因组中的核苷酸都被复制一次，而且只有一次，以避免子细胞基因组突变。细胞进入 S 期后，cyclin D/E-Cdk 复合物中的细胞周期蛋白发生降解，cyclin A-Cdk 复合物形成。cyclin D/E 复合物的降解是不可逆的，使得已进入 S 期的细胞无法向 G_1 期逆转。此外，cyclin A-Cdk 复合物是 S 期中主要的细胞周期蛋白 -Cdk 复合物，能启动 DNA 复制，并阻止已经复制的 DNA 再次发生复制。

3. G_2/M 期转换中细胞周期蛋白 -Cdk 复合物的作用 G_2 期晚期形成的 cyclin B-Cdk1 复合物在促进 G_2 期向 M 期转换的过程中起着关键作用，该复合物又称促成熟因子（maturation promoting factor, MPF）。G_2 期 cyclin B 合成增加，形成 cyclin B-Cdk1 复合物（MPF），Cdk 激活激酶（Cdk activating kinase, CAK）和蛋白激酶 Wee1 可使 Cdk1 的 Thr161 和 Thr14/Tyr15 位点同时磷酸化，但是这种多重磷酸化修饰可抑制 MPF 的活性。G_2 晚期，磷酸酶 Cdc25 使 Cdk1 的 Thr14/Tyr15 位点去磷酸化，激活 MPF，从而促进 G_2 期向 M 期转化（图 7-12）。

4. M 期细胞周期蛋白 -Cdk 复合物（MPF）的作用 MPF 活化后可以将多种底物磷酸化，在 M 期前期促进染色体凝集、核膜崩解和纺锤体形成等。此外，MPF 还可以活化后期促进复合物（anaphase-promoting complex, APC），破坏姐妹染色单体间的结合，促进姐妹染色单体分离，使 M 期由中期向后期转换。

5. M 期的退出 细胞进入 M 期后期，cyclin B 降解，MPF 解聚失活，使原来磷酸化的结构蛋白和调节蛋白去磷酸化，从而发生与进入 M 期相反的过程，即纺锤体去组装而解体，染色体去凝集而恢复成染色质，磷酸化的可溶性核纤层蛋白去磷酸化而重新聚合成核纤层，并将分散在胞质中的核膜小泡重聚在染色体周围形成核膜，在细胞的两端形成新的子细胞核。胞质中的肌球蛋白链去磷酸化，进而启动收缩机制，使分裂沟形成、细胞质发生分裂，进而使细胞一分为二，形成新的子细胞。

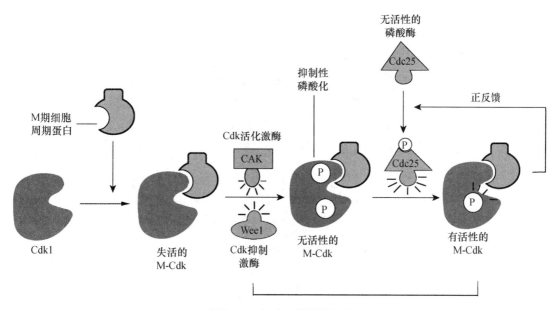

图 7-12 M-Cdk 的活化机制

（三）细胞周期检查点监控细胞周期的运行

研究者通过研究酵母细胞对放射线的反应性时发现，每当细胞周期进入下一个时相前，都要经过一个节点。该节点类似一个关卡，负责检查本时相内所执行"任务"情况。只有完成所有的"任务"之后，才能进入到下一个时相，这样才能保证细胞精确无误地分裂。这些关卡称为细胞周期检查点（cell cycle checkpoint）。如果上一个时相需要完成的"任务"由于某些环境因素（如物理因素、化学因素和生物因素等）的作用而出现故障和差错，那么这些故障可作为反馈信号使细胞周期暂时停止在细胞周期的某个检查点，以留出必要的时间排除故障或进行修复。一旦修复完成，即可进入下一个时相。这是细胞增殖在长期进化过程形成的一种保护机制。大量实验证明，在细胞周期的 G_1 期、S 期、G_2 期和 M 期中均有这样的检查点（7-13）。

1. G_1 期 /S 期检查点　在酵母中称为 start 点，在哺乳动物中称为限制点（restriction point），又称 R 点。R 点是 G_1 期特有的检查点，通过该点的细胞将进入 S 期，开始 DNA 的合成，继而进入细胞增殖期。因此，R 点是控制细胞由静止状态的 G_1 期进入 DNA 合成期的关键点。R 点需要检查的内容包括：DNA 是否受损、细胞外环境是否适宜，以及细胞体积是否足够大。若在 G_1 期 /S 期交界处检查发现 DNA 受损，则细胞可被阻止在 G_1 期。

2. S 期检查点　位于 S 期 /G_2 期交界处，负责检查 DNA 复制完成情况。如果细胞在未完成 DNA 复制或 DNA 损伤的情况下提前进入 M 期，则将对细胞自身及其后代细胞遗传物质的稳定性产生不良影响。S 期检查点的作用是保证在细胞基因组 DNA 全部复制后方可进入 G_2 期。

3. G_2 期 /M 期检查点　G_2 期 /M 期检查点的功能是阻止带有 DNA 损伤的细胞进入 M 期，以确保细胞基因组的完整性和稳定性。

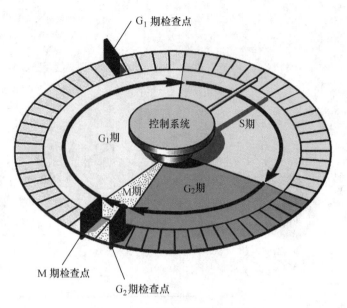

图 7-13 细胞周期检测点示意图

4. 中-后期检查点（纺锤体组装检查点） 纺锤体组装检查点（spindle assembly checkpoint, SAC）是保证染色体正确分离的重要机制之一，可监控纺锤体微管与染色体动粒之间的连接，并且促使有丝分裂中的姐妹染色单体或减数分裂中的同源染色体间张力的形成。任何一个动粒如果没有正确连接到纺锤体上，都会抑制后期促进复合物的活性，使细胞停留在 M 期中期，引起细胞周期中断。

（四）其他因素对细胞周期的调控

1. 生长因子 生长因子是一大类由细胞通过自分泌或者旁分泌起作用的多肽类物质，可参与细胞生长和增殖的调控。目前发现的生长因子多达数十种，多数生长因子可促进细胞增殖，如表皮生长因子（epidermal growth factor，EGF）、神经生长因子（nerve growth factor，NGF）等；少数生长因子则可抑制细胞周期，如抑素（chalone）、肿瘤坏死因子（tumor necrosis factor，TNF）；个别生长因子具有双重调节作用，能促进某一类细胞的增殖，也能抑制另一类细胞的增殖，如转化生长因子-β（transforming growth factor-β，TGF-β）。

2. 激素 哺乳动物细胞分泌的激素可分为两种，即蛋白质类激素和固醇类激素。它们在细胞内有相应的受体，蛋白质类激素受体位于靶细胞膜上；固醇类激素受体则位于靶细胞内。生长因子和蛋白质类激素与靶细胞膜上的相应受体结合后，可产生第二信使物质。第二信使可沿细胞内信号转导途径，引起一系列级联反应，最终引起细胞周期调控蛋白表达的改变。

第三节 细胞增殖紊乱与疾病

细胞增殖是人体的基本生命活动之一。人体内任何一种细胞出现增殖异常，都会引起该细胞功能障碍，进而对机体造成影响。因此，细胞增殖与医学有着极为密切的关系。

一、细胞周期紊乱与肿瘤

肿瘤是细胞增殖、分化和凋亡异常引起的以细胞失控性增殖为主要特征的疾病。大量研究表明，细胞周期调控异常是肿瘤发生的主要机制，所以细胞周期调控理论对肿瘤的预防、诊断及治疗具有重要的指导意义。

（一）细胞周期紊乱与肿瘤的发生

R 点被认为是 G_1 期晚期的一个基本事件，细胞只有在内外因素的共同作用下才能完成这一基本事件，任何影响这一基本事件完成的因素都会严重影响细胞从 G_1 期向 S 期的转换。R 点容易受到内在或外在因素的影响，使细胞周期时相发生改变。肿瘤细胞的发生往往与 R 点的改变有关。已知的致肿瘤因素包括物理因素、化学因素和生物因素。物理因素中的射线、化学因素中的烷化剂和酰化剂都有可能影响 R 点的功能，使细胞发生癌变。正常细胞进入 G_1 期之后，通常有三个去向：分化、持续增殖和暂时休眠。细胞发生癌变后将持续增殖，不再受细胞内各种机制的控制，即永生化。

总之，细胞周期调控在调节机体细胞数目方面起重要作用，细胞周期的运转受到内外各种因素的精密调控。当细胞周期调控系统功能障碍时，过量的细胞分裂将导致肿瘤的发生。

（二）细胞周期紊乱与肿瘤的治疗

关于肿瘤的治疗方法，目前除传统的手术治疗外，还有许多基于肿瘤细胞周期特点而设计的放射治疗（简称放疗）和化学疗法（简称化疗）。例如，放射治疗就是根据细胞周期各阶段细胞对放射线的敏感程度不同而实施的，一般选择处于 G_2 期的肿瘤细胞进行放疗。化学疗法常与手术治疗联合应用，但也可单独用于肿瘤的治疗。不同的化疗药物可作用于细胞周期的不同时期。例如，羟基脲、阿糖胞苷和甲氨蝶呤等抗代谢药物主要杀伤 S 期细胞；紫杉醇主要作用于 M 期和 G_2 期细胞；长春新碱主要杀伤 M 期细胞；放线菌素 D 则主要作用于 G_1 期细胞等。对于 G_0 期细胞所占比例较大的肿瘤细胞，由于其代谢水平低，对药物的刺激不敏感，很难被杀灭，所以这些细胞一旦重新增殖，即可导致肿瘤复发。为杀灭 G_0 期细胞，可先用血小板生长因子等诱导 G_0 期细胞进入细胞周期，然后再应用细胞周期特异性敏感药物进行治疗。

二、细胞周期与组织再生

人体内的某些细胞（如血液中的血细胞、皮肤表皮细胞、消化道黏膜上皮细胞等）始终处于不断更新和代谢中，通过细胞分裂而形成的新生细胞可以不断地补充那些因分化而衰老和死亡的细胞，这一过程称为生理性再生。由于某些原因而造成器官损伤后，邻近细胞分裂、增殖以完成修复的过程称为病理性再生。例如，肝损伤后，原本处于 G_0 期的细胞重新进入细胞周期，不断分裂、增殖，以修复损伤的肝组织。因此，阐明细胞周期调控机制，对某些疾病和创伤所致的组织修复等具有一定的指导意义。某些细胞周期调控因子的生物试剂（如红细胞生成素、表皮生长因子等）已在组织修复中得到广泛的应用。

三、细胞周期与衰老

细胞衰老时，其增殖周期也会表现出某些异常的特征，包括细胞分裂速度明显降低；

cyclin A 和 cyclin B 表达下降，cyclin E 不稳定增加且容易降解；Rb 蛋白不能被磷酸化，与 Rb 结合的转录因子失活等。与正常细胞相比，衰老细胞的 G_1 期可持续更长时间。

第四节　细胞死亡

细胞死亡（cell death）是生物界普遍存在的现象，是细胞生命现象不可逆的停止及细胞生命的结束。细胞死亡不同于机体死亡，在正常人体组织中，每天都有许多细胞死亡。细胞死亡的原因很多，根据死亡的特点，可将细胞死亡分为程序性细胞死亡和非程序性细胞死亡。程序性细胞死亡（programmed cell death，PCD）是指由内在遗传机制控制的主动性死亡方式，包括细胞凋亡、自噬性细胞死亡和细胞焦亡等，是生物体维持正常生长发育的必要条件。非程序性死亡是指随机的被动性死亡，如坏死。本节重点讨论细胞凋亡。

一、细胞凋亡的概念

细胞凋亡（apoptosis）是研究得最为深入的一种程序性细胞死亡方式，是指在特定的信号诱导下，启动细胞内的死亡级联反应所导致的细胞生理或病理性、主动性的死亡过程。apoptosis一词来源于希腊语，是指花瓣或树叶的脱落或凋零，因此 apoptosis 一词强调了这种细胞死亡是自然的生理过程。在细胞凋亡过程中，细胞膜始终保持完整，细胞膜内陷包裹内容物形成囊泡结构，即凋亡小体（apoptotic body）。凋亡小体可被周围的吞噬细胞所吞噬，不引发炎症反应。

而细胞坏死是细胞的另一种死亡方式，是细胞对外来伤害的一种被动反应，是指在某些外界因素（如局部缺血、缺氧、高热、化学损伤或生物因子的急性损伤）作用下，细胞膜直接破坏而引起大量细胞外水、电解质进入细胞内，致使细胞稳态失衡，造成细胞器特别是线粒体肿胀，进而导致细胞破裂、死亡，并引起周围组织的炎症反应，是细胞突发性的病理性死亡。细胞凋亡的结局虽然也是细胞死亡，但与细胞坏死截然不同（图 7-14，表 7-2）。

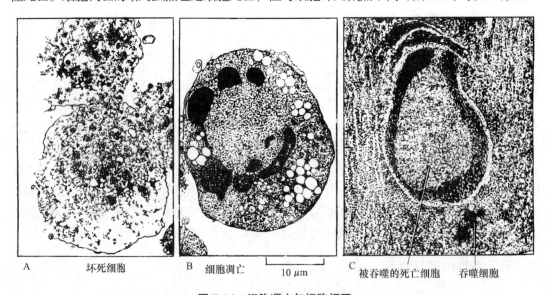

A　坏死细胞　　　　B　细胞凋亡　　10 μm　　C　被吞噬的死亡细胞　　吞噬细胞

图 7-14　细胞凋亡与细胞坏死

表 7-2　细胞凋亡与细胞死亡的区别

区别点	细胞凋亡	细胞坏死
诱导因素	生理性或病理性	强烈不良刺激
死亡数量	多呈单细胞丢失	成群细胞死亡
膜完整性	完整	破碎
细胞质	由质膜包围形成凋亡小体	溢出，细胞破裂成碎片
细胞核	固缩	断裂，核膜破裂
染色质	沿核膜凝缩成半月形团块	稀疏，呈网状
基因组 DNA	有规律地降解，呈梯形电泳条带	随机降解，呈弥散电泳条带
基因活动	由基因调控	无基因调控
信号分子介导	需要	不需要
代谢反应	有蛋白酶参与的级联反应	无序的代谢反应
结局	不引起炎症反应	引起炎症反应，有破坏作用

二、细胞凋亡的生物学意义

（一）参与细胞发育过程的调节

在哺乳动物的胚胎发生、发育以及成熟过程中，细胞实际上呈现生存与死亡交替的现象。细胞凋亡过程可及时清除无用、多余的细胞，是保证个体发育成熟所必需的生理过程。例如，在人胚胎肢芽发育过程中，指（趾）间组织通过细胞凋亡机制被清除而形成指（趾）间隙。在神经系统发育过程中，一般先产生过量的神经细胞，然后通过竞争从靶细胞（如肌细胞）释放的生存因子而获得生存机会，在此过程中没有形成正确连接的神经元可通过凋亡被清除。

（二）参与免疫细胞活化过程的调节

在淋巴细胞发育、分化和成熟过程中，例如正 / 负选择（positive/negative selection）过程始终伴随着细胞凋亡。例如，在胸腺细胞发育过程中涉及一系列的正 / 负选择过程，以形成 CD4[+] 辅助性 T 淋巴细胞亚群和 CD8[+] 抑制性 T 淋巴细胞亚群；同时还存在对识别自身抗原的 T 淋巴细胞克隆进行选择性地消除。正常的 T 淋巴细胞被抗原刺激后活化，继而产生一系列免疫应答反应。机体为了防止产生过强的免疫应答反应，或防止这种应答无限制地发展，便通过活化诱导的细胞死亡来清除过度活化的 T 淋巴细胞。

（三）参与衰老、受损细胞的清除

动物成体细胞可通过调节凋亡和增殖速率来维持组织器官细胞数量的稳定和成体细胞的更新。机体通过凋亡可清除受损或功能丧失的细胞（如肝细胞等），被清除的细胞由新生细胞取代，以维持组织内环境的稳定；同时，通过凋亡还可以清除分裂后排列与分布异常的细胞（如神经元、心肌细胞），以预防疾病的发生；另外，凋亡过程还能够清除受损突变的细胞、受损后不能修复的细胞，具有生理性保护及预防肿瘤的作用。因此，细胞凋亡是机体维持细胞群体数量和内环境稳定的重要手段。

三、细胞凋亡的特征性改变

（一）凋亡细胞的形态改变

关于细胞凋亡的发展过程，可在光学显微镜和电子显微镜下观察到一系列细胞形态学变化，包括细胞皱缩、染色质凝聚、凋亡小体形成、细胞骨架解体等，其中以细胞核的形态改变最为突出（图 7-15）。

核

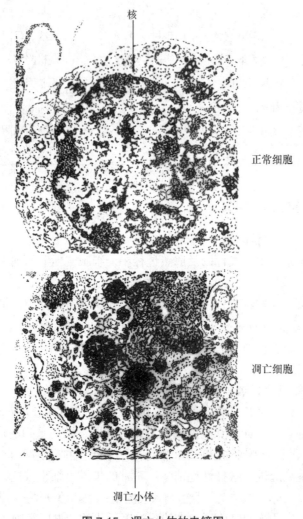

正常细胞

凋亡细胞

凋亡小体

图 7-15　凋亡小体的电镜图

1. 细胞核的变化　凋亡细胞的核 DNA 在核小体连接处断裂成核小体片段，并向核膜下或中央部异染色质区聚集，形成浓缩的染色质块聚集在核膜下，呈新月形、马蹄形、"八"字形、花瓣形和镰刀形等多种形态。最终，核膜在核孔处断裂，并向内包裹，将聚集的染色质切块分割，形成若干个核碎片或核残片。

2. 细胞器的变化　由于脱水导致凋亡细胞的胞质浓缩，使细胞体积缩小。细胞器也随之发生一系列变化，如线粒体体积增大、嵴增多，接着出现空泡化；内质网腔膨胀，不断扩张，可与胞膜融合；细胞骨架由原来疏松而有序排列的结构变得致密和紊乱。

3. 细胞膜的变化　细胞膜表面的微绒毛、细胞突起及细胞间连接等逐渐消失，细胞膜起泡，但细胞膜仍保持完整。

4. 凋亡小体的形成与清除　凋亡小体（apoptotic body）的出现是细胞凋亡最明显的特征。凋亡小体通过下列方式形成：①芽孢脱落，细胞内聚集的染色质块经核碎裂而形成大小不等的核碎片，然后整个细胞通过出芽、起泡等方式形成球状突起，并在其根部缢断脱落，形成大小不等、内含胞质、细胞器以及核碎片的膜性小泡，即凋亡小体。②胞质分隔，内质网将凋亡细胞的细胞质重新分隔成大小不等的腔室，靠近细胞膜端的腔室与细胞膜融合、脱落，形成凋亡小体。③自噬体形成，凋亡细胞的线粒体、内质网等细胞器和其他胞质成分一起被内质网膜包裹形成自噬体，与细胞膜融合后排出细胞外，形成凋亡小体（图 7-16）。扫描电镜下可以观察到细胞表面产生许多泡状或芽状突起，随后逐渐脱离细胞，形成单个的凋亡小体。

凋亡小体可被单核巨噬细胞所吞噬，亦可被邻近的同类细胞吞噬，在溶酶体内被消化、分解。由于凋亡小体具有完整的膜结构，其内容物也无外漏，故凋亡过程中不发生局部炎症反应。

（二）凋亡细胞的生化改变

1. 染色质 DNA 的特征性片段化断裂　典型的细胞凋亡以细胞核固缩、染色质 DNA 的特征性片段化断裂为主要特征。研究发现，细胞凋亡过程中普遍存在着染色质 DNA 的降解，而且这种降解特征非常明显，可产生长短不一的 DNA 片段。经过电泳证实，这些 DNA 片段长度均为 180 ~ 200 bp 的整倍数，而 180 ~ 200 bp 正好是缠绕核小体中组蛋白八聚体的 DNA 长度，提示染

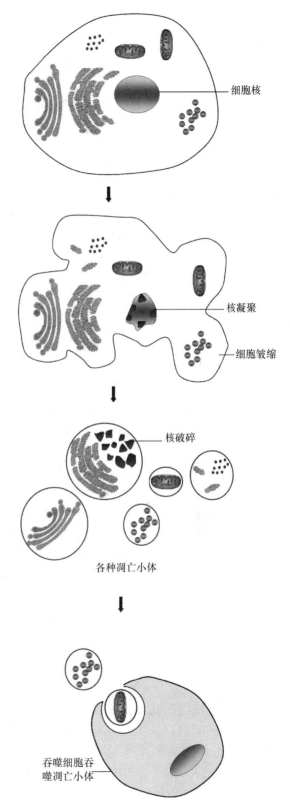

图 7-16　凋亡小体的形成与清除

细胞核

核凝聚

细胞皱缩

核破碎

各种凋亡小体

吞噬细胞吞噬凋亡小体

色质 DNA 恰好是在核小体的连接部位被切断的，使染色体 DNA 产生 180 ~ 200 bp 的整倍数片段，称为 DNA 片段化。研究证实，凋亡过程发生 DNA 的降解实际上是内切核酸酶（endonuclease）作用的结果。正常情况下，内切核酸酶以无活性的形式存在于细胞核内，在细胞内外凋亡诱导因素（如 Ca^{2+}、Mg^{2+} 和糖皮质激素等）刺激下，内切核酸酶经过一系列胞内信号转导途径而被激活，而核小体连接部位易受内切核酸酶的攻击，最终引发 DNA 链非随机性的降解和断裂。

2. caspase 降解　细胞凋亡的始动、发生、发展等一系列过程都会受到不同蛋白酶的控制，蛋白酶级联切割可能是凋亡最关键的过程，由此认为凋亡机制的核心是蛋白酶的作用，抑制蛋白酶活性在某种程度上意味着阻止细胞凋亡的发生。调控细胞凋亡的蛋白酶有很多种，如 caspase 家族、颗粒酶（granzyme）、细胞分裂素等。胱天蛋白酶（cysteine aspartic specific protease，caspase）家族又称 ICE/CED3 蛋白家族，是一组存在于胞质溶胶中的半胱氨酸蛋白酶，活性位点均包含半胱氨酸残基，能特异性识别并切割靶蛋白肽链中天冬氨酸残基的羧基端肽键。

现已发现哺乳动物细胞中的 caspase 家族成员至少有 15 种，包含起始 caspase 和效应 caspase。所有的 caspase 都是以无活性的前体（pro-caspase）形式（即酶原形式）存在的。pro-caspase 都含有一个酶原结构域和大亚基（P20）、小亚基（P10）两个亚基。pro-caspase 经一系列水解反应后，分开大、小亚基，并去除原来的结构域。大、小亚基结合形成异二聚体（P20/P10），两个异二聚体再进一步聚合形成具有催化活性的四聚体（P20/P10），可识别并切割下游靶蛋白，如效应 caspase 或者细胞内的结构蛋白、调节蛋白等，最终导致细胞凋亡。凋亡可以通过不同的因素介导而开始，但大多通过 caspase 级联反应进行信号转导。

3. 以胞质内 Ca^{2+} 为代表的离子改变　胞质内 Ca^{2+} 与细胞凋亡有密切关系。有研究认为 Ca^{2+} 可通过两条途径诱导细胞凋亡。① Ca^{2+} 升高作为凋亡信号启动凋亡：胞质的内质网 Ca^{2+} 通道开放，胞外 Ca^{2+} 内流增加及其他因素，可使胞质内 Ca^{2+} 持续升高，继而诱发细胞凋亡。②破坏细胞内 Ca^{2+} 的稳态引发细胞凋亡：Ca^{2+} 的释放可打破细胞内结构的稳定性，使细胞凋亡系统的关键成分与正常时不能接触到的基质发生反应，从而启动凋亡。

4. 凋亡细胞的线粒体改变　研究表明，线粒体不仅是细胞的"动力工厂"，还是控制细胞死亡的枢纽部分。细胞凋亡时，线粒体可发生一系列显著的变化。这些变化包括：①线粒体膜电位（$D\psi_m$）降低，在凋亡发生过程中，多种促进细胞凋亡的蛋白质转移至线粒体，可使线粒体膜的通透性和完整性受到破坏。由于内膜对氢离子的通透性增加而引起线粒体膜电位降低甚至消失，进而导致细胞凋亡。②线粒体膜通透性转换孔（mitochondrial permeability transition pore，PTP）开放，这也是凋亡早期的决定性变化。线粒体膜通透性转换孔是线粒体内膜和外膜在接触部位协同组成的一条通道，其开放可导致呼吸链解偶联，使膜间隙内的细胞色素 c 漏出到细胞质，进而触发 caspase 级联反应。③线粒体内某些凋亡诱导物释放，如凋亡诱导因子细胞色素 c。④线粒体产生活性氧（reactive oxygen species，ROS）增多，ROS 是细胞凋亡的信使和效应分子，细胞凋亡可导致线粒体生产的 ROS 增多。

四、细胞凋亡与疾病

（一）细胞凋亡不足

细胞凋亡不足可导致病变细胞增多、受累器官体积增大及功能异常，进而导致疾病的发生。

1. 肿瘤 过去，人们一直认为肿瘤的发生主要与细胞增殖和分化异常有关，认为肿瘤是一种增殖紊乱或分化异常性疾病。随着细胞凋亡研究的深入，人们逐渐认识到肿瘤的发生与细胞凋亡不足也有密切的关系。更强调肿瘤有可能是"凋亡障碍"的结局，是细胞增殖和凋亡平衡失调的综合结果。细胞凋亡不足时，细胞进入无序、失控的生长状态，本应通过细胞凋亡方式而自行死亡的正常细胞会意外地存活下来。研究证实，癌前病灶中细胞凋亡率比周围正常组织高约 8 倍，提示细胞凋亡可能参与肿瘤的起始过程，而正常细胞癌变前对细胞凋亡作用异常敏感，很容易经凋亡途径被清除，提示癌变前细胞可通过凋亡作用，对机体清除"异常"而进行自我保护。同时，肿瘤细胞作为幼稚分化细胞，其自身的遗传具有不稳定性，故可经常逃脱复制性细胞衰老程序的控制，并逃避机体免疫系统的监控而免于凋亡。

根据上述观点，有人提出了肿瘤治疗的新思路，即设法在肿瘤组织中诱导细胞凋亡，提高细胞死亡/增殖的比值。临床上对恶性肿瘤采取的化疗、放疗均有诱发肿瘤细胞凋亡的作用。

2. 自身免疫性疾病 自身免疫性疾病是指机体对自身抗原发生免疫应答而导致自身组织损伤和功能障碍的一类疾病。正常情况下，免疫系统在发育过程中已将针对自身抗原的免疫细胞进行了清除，其中一种清除方式就是细胞凋亡。如果凋亡不足，则不能有效地清除自身免疫性细胞而导致自身免疫性疾病。例如，系统性红斑狼疮患者的外周血单核细胞凋亡相关基因有缺失突变，不能有效地消除自身免疫性 T 细胞克隆，从而使大量自身免疫性淋巴细胞进入外周淋巴组织，并产生抗自身组织的抗体，导致多器官损害。

（二）细胞凋亡过度

在疾病发生、发展过程中，很多致病因素不仅可导致细胞坏死，也可诱发细胞凋亡。细胞凋亡过度是某些疾病发生与演变的细胞学基础。

1. 心血管疾病 以往认为急性心肌梗死和缺血 - 再灌注损伤引起的心肌细胞死亡属于坏死，但近年研究证实，急性心肌梗死的梗死灶及其周边区细胞不仅有坏死，也有凋亡。一般来说，缺血早期、轻度缺血或慢性缺血时，以细胞凋亡为主，反之，则以细胞坏死为主；梗死灶中央以细胞坏死为主，周边区以细胞凋亡为主。细胞凋亡常先于细胞坏死发生，细胞凋亡与细胞坏死可共同促使梗死面积向四周扩展。另外，陈旧性心肌梗死的病灶与正常心肌的交界处同样也存在细胞凋亡。

2. 神经退行性疾病 神经细胞在出生后即不再发生分裂和增殖，因此，神经细胞一旦损伤，即很难修复，容易发生细胞凋亡。许多神经退行性疾病（如阿尔茨海默病、帕金森病、肌萎缩侧索硬化等）是以特定神经元的慢性进行性丧失为特征的，这些神经细胞死亡均属于凋亡。

3. 感染性疾病 细胞凋亡对防御病原微生物感染具有重要意义，这是因为宿主细胞可通过凋亡来清除病原微生物，以防止其扩散。但感染所致的细胞凋亡也是某些疾病（如艾滋病）的主要发病机制。由 HIV 引起的 AIDS 的发病机制主要是宿主 CD4$^+$T 细胞被选择性破坏，导致 CD4$^+$T 细胞显著减少。HIV 感染不仅能够使成熟 CD4$^+$T 细胞凋亡，还可以使造血干细胞和未成熟 T 细胞凋亡，进而影响细胞分化和再生。此外，HIV 也可诱导其他免疫细胞（如 B 细胞、CD8$^+$T 细胞、巨噬细胞）凋亡，进而造成机体免疫功能严重缺陷。患者容易因继发各种感染及恶性肿瘤而死亡。

（三）细胞凋亡不足与凋亡过度并存

人体组织器官由不同种类的细胞构成，由于细胞类型的差异，对致病因素的反应也有所不同。因此，在同一组织或器官，有的细胞表现为凋亡不足，有的细胞则表现为凋亡过度，使同一组织或器官出现细胞凋亡不足与凋亡过度并存的现象。例如，动脉粥样硬化时，其血管内皮细胞凋亡过度，而血管平滑肌细胞凋亡不足。内皮细胞凋亡使血管内皮防止脂质沉积的屏障作用减弱，进而加速粥样斑块的形成。由于凋亡在斑块处比较活跃，易于造成斑块脱落而导致严重后果。内皮细胞凋亡后，可以启动凝血机制，使病变局部形成血栓，进而加重血管腔狭窄。在动脉粥样硬化过程中，血管平滑肌细胞增殖比例明显升高。为了维持平滑肌细胞数量的动态平衡，细胞凋亡的比例也会升高，但细胞增殖始终占主导地位，增殖数量大于凋亡数量，加之病变处非细胞成分增多，故可导致血管壁增厚、变硬。

小　结

细胞增殖是细胞重要的生命特征之一。细胞以分裂的方式实现细胞数量的增多。有丝分裂是真核生物体细胞分裂的主要方式。有丝分裂过程中，母细胞发生染色体 DNA 复制，并借助有丝分裂器将复制后的染色体平均地分配到两个子细胞中，由此可以保证细胞的遗传稳定性。减数分裂与有性生殖细胞的形成有关，整个分裂过程中 DNA 只复制一次，而细胞连续分裂两次，所产生的生殖细胞中染色体数目与母细胞相比减少一半。第一次减数分裂过程复杂，主要是发生同源染色体配对及遗传物质的交换等变化。

细胞周期是指细胞从上一次分裂结束到下一次分裂结束所经历的全部过程。细胞周期分为 G_1 期、S 期、G_2 期及 M 期。细胞周期进程严格受控于细胞内由多种蛋白质构成的复杂调控体系。细胞周期蛋白（cyclin）与周期蛋白依赖性激酶（Cdk）是调控体系的核心。细胞通过严格的细胞周期检查系统，可以最大限度地保证遗传的稳定性。

细胞死亡是细胞生命活动中的基本规律。细胞凋亡是多细胞生物在发生、发展过程中，为调控机体发育、维持内环境稳定，由基因编码和调控的细胞主动死亡过程。而细胞坏死是细胞对外来伤害的一种被动反应，是细胞突发性的病理性死亡。细胞凋亡时，质膜始终保持完整，不引发炎症反应。细胞凋亡时可出现细胞皱缩、染色质凝聚、凋亡小体形成、细胞骨架解体等形态学改变。染色质 DNA 片段化是凋亡细胞最典型的生化改变。

（张　君）

✏ 习题

一、单项选择题

1. 同源染色体联会发生在

    A. 细线期　　　　　B. 偶线期　　　　　C. 粗线期　　　　　D. 终变期

2. 一个卵母细胞经过减数分裂可产生

    A. 一个卵细胞和一个第一极体　　　　B. 一个卵细胞和一个第二极体

    C. 一个卵细胞和三个第二极体　　　　D. 四个卵细胞

3. 对微丝有破坏作用的药物有

    A. 细胞松弛素 B　　　　　　　　　　B. 秋水仙碱

    C. 环磷酸胺　　　　　　　　　　　　D. 长春碱

4. 在细胞分裂过程中形成纺锤体的是

    A. 微管　　　　　　B. 微丝　　　　　　C. 中间纤维　　　　D. 核骨架

5. 核膜、核仁的消失发生在

    A. 间期　　　　　　B. 前期　　　　　　C. 中期　　　　　　D. 后期

6. 与凋亡细胞形态无关的描述是

    A. 细胞膜完整　　　　　　　　　　　B. 出现凋亡小体

    C. 核染色体呈新月状　　　　　　　　D. 溶酶体破坏

7. 细胞凋亡与细胞坏死最主要的区别是

    A. 细胞核肿胀　　B. 内质网扩张　　C. 细胞变形　　　D. 受基因调控

二、简答题

1. 有丝分裂可分为几个时期？各期有哪些主要特点？

2. 细胞周期中时间变化最大的是什么时期？为什么？

3. 简述减数分裂的生物学意义。

参考文献

1. 安威 . 医学细胞生物学 . 4 版，北京：北京大学医学出版社，2019.

2. 安威，周天华 . 医学细胞生物学 . 4 版，北京：人民卫生出版社，2021.

3. 陈誉华 . 医学细胞生物学 . 6 版，北京：人民卫生出版社，2018.

4. 胡火珍 . 医学细胞生物学 . 7 版，北京：科学出版社，2015.

5. 胡以平 . 医学细胞生物学 . 北京：高等教育出版社，2009.

6. Alberts B. Molecular Biology of the Cell [M]. 5th ed. New York & London：Garland Publishing, Inc, 2008.

7. Alberts B. Essential Cell Biology. 4th ed. Garland Science，Taylor & France Group ， 2014.

8. Alberts B，Johnson A，Lewis J，et al. Molecular Biology of the Cell. 5th ed. Oxfordshire：Garland Science，2007.

9. Lodish H. Molecular Cell Biology. 8th ed. New York：W. H. Freeman and Company，2016.

10. Alberts B，Johnson A D，Bray D. Essential Cell Biology. 4th ed. New York：W. W. Norton & Company，2016.

11. Karp G. Cell and Molecular Biology. 7th ed. New Jersey：Wiley，2013.

12. Hancock J. Cell Signalling. 4th ed. Oxford：Oxford University Press，2017.

13. Weinberg R. The Biology of Cancer. 2nd ed. Oxfordshire：Garland Science，2013.

14. Schaefer G B，Thompson J. Medical Genetics. New York：McGraw-Hill，2014.

15. Watson J D，Baker T A，Bell S P，et al. Molecular Biology of the Gene. 7th ed. New York：Pearson，2013.

16. Goodman S R. Medical Cell Biology. 3rd ed. New York：Academic Press，2007.

17. Browder L W. Developmental Biology：A Comprehensive Synthesis. Volume 5. New York：Plenum Press，1988.

后 记

经全国高等教育自学考试指导委员会同意，由医药学类专业委员会负责高等教育自学考试《细胞生物学》教材的审稿工作。

本教材由首都医科大学安威教授担任主编，董凌月（首都医科大学）、李文（首都医科大学）、林国南（首都医科大学）、许彦鸣（汕头大学医学院）、李莉（山西医科大学）、张君（石河子大学医学院）参加编写。全书由安威教授统稿。

全国高等教育自学考试指导委员会医药学类专业委员会在北京组织了本教材的审稿工作。中国医科大学陈誉华教授担任主审，中国医科大学赵越教授参审，提出修改意见，谨向他们表示诚挚的谢意。

全国高等教育自学考试指导委员会医药学类专业委员会最后审定通过了本教材。

全国高等教育自学考试指导委员会
医药学类专业委员会
2023 年 5 月